KB232291

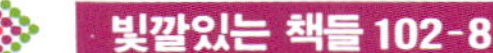
빛깔있는 책들 102-8

조선 기와

글, 사진/황의수

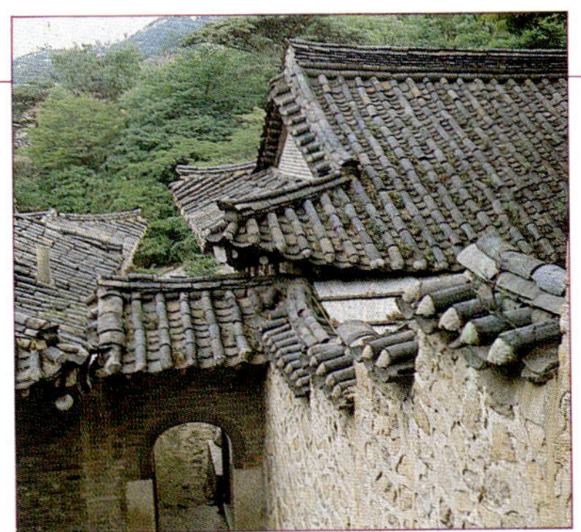

대원사

황의수

1944년 전북 순창에서 태어나 전북대
학교 건축공학과를 졸업했다. 고건축
설계 사무소에서 근무했으며, 민학회
총무를 역임했고 현재는 '한국 문화재
보존 기술 진흥 협회' 이사로 있다.

조선 기와

기와의 시작　　　　　　　　　　　6

기와의 발전　　　　　　　　　　　20

기와잇기　　　　　　　　　　　　38

기와지붕의 곡선　　　　　　　　　48

기와의 종류　　　　　　　　　　　61

기와의 제작　　　　　　　　　　　82

조선시대의 정책　　　　　　　　108

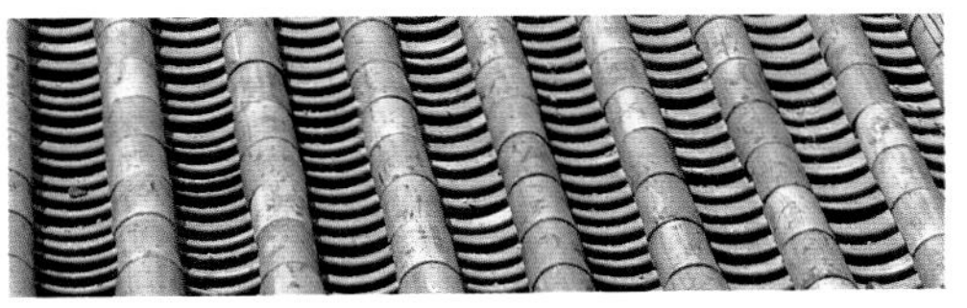

조선 기와

조선 기와

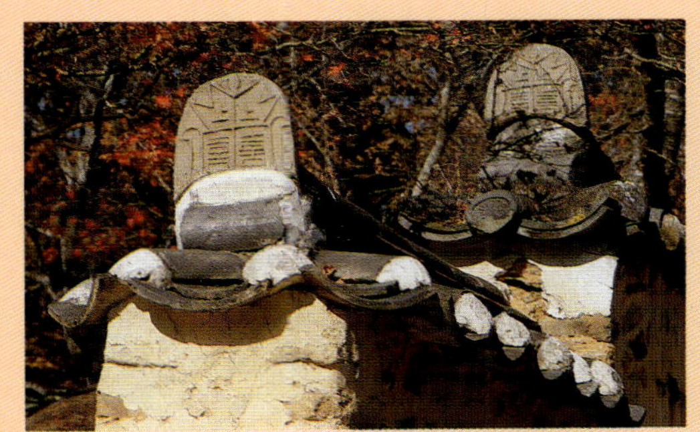

기와의 시작

　우리나라에서 기와가 처음으로 사용되기 시작한 때가 언제부터인
지는 정확하게 밝혀져 있지 않다. 다만 삼국시대의 여러 건물터에서
수없이 출토되고 있는 기왓조각들에서 기와가 사용된 흔적을 찾아
볼 수 있다.

　인류가 집다운 집을 짓고 살기 시작하였을 때의 지붕은 대부분
풀잎을 엮어서 씌웠을 것으로 추정하고 있다. 이러한 원초적인 형식
의 지붕이 사용하는 데 불편하였을 것은 틀림이 없고, 그러한 불편
을 조금이라도 줄이기 위한 노력이 있었을 것도 틀림이 없다.

　풀잎으로 엮은 지붕은 1년이나 2년이면 새로운 풀로 바꾸어야
하며 바람이 세게 불면 견더 내지 못하였을 것이다. 비가 많이 내리
면 빗물이 안으로 스미게 되고, 더위와 추위를 막는 데도 효과적이
지는 못했다. 이러한 불편을 덜어 주는 것으로 기와가 나타났다고
볼 수 있다. 그러나 기와가 나타나기 이전에 지붕을 덮는 재료가
풀잎만 있었다고 할 수는 없다. 예를 들면 너와집에서 볼 수 있는
나무판자나 나무껍질 또는 얇은 판석(板石)과 같은 것이 있었다.

　더 오래 전인 석기시대부터 이미 토기가 사용되고 있었음은 잘

알려진 사실이다. 흙을 빚어 불에 구워 내면 단단한 그릇이 된다는 경험은 결국 기와를 구워 내는 일의 밑바탕이 되었을 것이다.

옛날에는 기와를 '디새'라고 불렀다. 디새는 「훈몽자회(訓蒙字會)」나 「물명고(物名考)」 등에 '디새'라고 적혀 있어 조선조 말엽까지 통용되었음을 알 수 있다.

여기에서 '디새'라는 말의 뜻을 풀어 보면 지붕을 덮는 재료가 풀이었을 때 모두 '새'라는 표현을 쓰고 있었던 것으로 '새'는 '풀'의 뜻을 가지고 있다. '草'를 옥편에서 찾아보면 '풀 초' 또는 '새 초'로 표기되어 있다. '디'에 관한 것을 한글 사전(「국어 대사전」 이희승 편)에서 찾아보면 '디다'라는 단어의 옛말로서 "주조(鑄造)하다"라는 뜻으로 풀이되어 있다. 곧 기와를 찍어 낸다는 의미로 볼 때 '디새'는 찍어 내놓은 지붕 재료라는 뜻으로 새길 수 있다.

이러한 해석은 어디까지나 문자의 풀이에 의한 것으로 확실한 논증이라고 말할 수는 없으나 '디새'라는 용어가 오랫동안 사용되었기 때문에 그 어원을 찾아봄으로써 기와라는 추정을 해 본 것이다.

'디새'가 구워지기 전의 상태를 '날디새'라고 부른다. 굽지 않은 상태이니 날(生)기와라 한 것이다. 그런데 이 '날디새'를 햇빛에 잘 말려서 단단해지면 그대로 지붕에 사용하였을 가능성도 있다. 백제 때의 건물터에서 연질(軟質)이면서 보드라운 기왓조각들이 출토되었다고 한다. 구워진 기와가 갖는 색깔은 대개 은회색이다. 더러 화재로 인하여 붉어진 것도 볼 수 있으나 아주 연한 붉은 색깔을 가진 백제의 보드라운 기와는 '날디새'일 가능성이 있다. 물론 연질이기 때문에 더 그런 것이다.

여기에서 주목되는 것은 아주 초기에는 기와를 굽지 않은 채로 사용하였을 것이라는 점이며, 점차 구워서 쓰는 것이 더욱 효과적이라는 것을 깨우치게 되고 그것이 일반화되었으리라는 것이다.

그릇을 만들어 쓰던 경험, 곧 토기의 일반적인 사용이 기와를 굽는 데 선험적(先驗的) 역할을 하였으리라는 것은 앞에서 이야기했지만 토기의 제작은 극히 영세하였다. 그러므로 필요에 따라 조금씩 만들어 썼을 것이며 제작 여건 또한 자급자족하는 형태로서 특별한 시설이 없이 그때그때 간단한 제작 기법이 사용되었을 것이다.

그러나 기와는 그 필요한 수효가 토기와는 달리 이미 소량에서는 벗어나 상당한 분량을 만들어야 하므로 간단한 시설로써는 감당이 안 된다. 그러므로 처음에는 굽지 않고 사용했던 것을 더욱 많은 기와가 필요하게 되고, 단단한 것만이 제 기능을 발휘한다는 생각에 이르자 본격적으로 굽기 시작하였다. 결국 상당한 시설을 갖추고 많은 기와를 한꺼번에 만들어 내기 시작한 것이다.

풀이나 나무껍질 같은 재료가 기와로 바뀌면서 지붕의 무게가 무거워지고 기와 밑에 흙을 채워야 하기 때문에 가느다란 서까래나 기둥, 보 등으로는 지탱하기가 어려워졌으므로 집의 뼈대를 튼튼한 구조로 바꿔야 했다. 결국 기와의 등장은 그만큼 건축술의 발전을 가져오게 했으며 재료의 결구법(結構法)에도 진전을 가져왔다.

우리나라의 기와는 근본적으로 암, 수의 구분을 두는 데에서 서양의 것과 차이를 보여 주고 있다. 물론 중국이나 일본의 옛 기와도 우리나라와 같은 형식에서 출발하였던 것은 널리 알려진 사실이며 우리나라의 기와가 중국의 영향을 받았고, 일본은 또한 우리나라의 영향을 받은 것으로 알려져 있다. 그러나 서양의 기와는 대부분 '∞' 형으로 암수를 한몸에 지니고 있는 형태이다.

암수는 바로 음양을 표현한 것으로 볼 수 있는데, 이와 같이 건축물의 여러 가지 요소들을 음과 양으로 대비시키면서 전체적인 조화를 이루려는 생각은 역(易)의 사상에서 비롯되었다고 할 수 있다. 이러한 역 사상은 뒤에 나타나는 풍수지리(風水地理)와 함께 건축물의 조영(造營)에 지대한 영향력을 행사하게 된다.

기와란 지붕을 형성하는 재료 중 맨 마지막에 덮이면서 주로 빗물

19쪽 사진
23쪽 그림

을 막아내는 역할을 하면서 다른 자연 현상으로 인한 피해를 막아 주기도 한다. 기와가 지붕에 쓰이면서 제 기능을 다할 수 있는 것은 역시 지붕의 경사도(傾斜度)와 밀접한 관계에 있다.

　지붕을 수평으로 구성하였다면 기와는 아무런 쓸모가 없어진다. 그러나 기와가 나타나기 이전부터 지붕은 경사지게 해야 한다는 것을 알고 있었기 때문에 새로운 것은 아니다. 다만 경사진 지붕면에 알맞은 재료를 고안해 내면서 기와라는 형태를 만들어 낸 것뿐이다. 지붕의 경사도가 완만하면 비가 새기 쉽다. 그렇다고 너무 급하면 기와가 흘러내리는 위험이 있다. 적당한 물매와 그에 알맞은 기와의 크기나 겹침의 정도를 결정해야 된다. 결국 기와의 크기나 모양새는 지붕의 경사도와 관계가 있고, 지붕의 경사도는 기후 조건과 관계가 있다. 이러한 자연 환경에 따른 제약은 그 지역의 문화를 독특하게 만들어 준다.

　우리나라의 기와 역시 자연 환경을 극복해 내는 데 가장 적합한 형태로 발전해 왔다는 것은 확실한 사실이다.

동구릉 재실　내림마루 끝의 구성으로 망와 밑에 수막새를 넣어 정리한 경우인데, 망와의 무늬는 불로초이다.

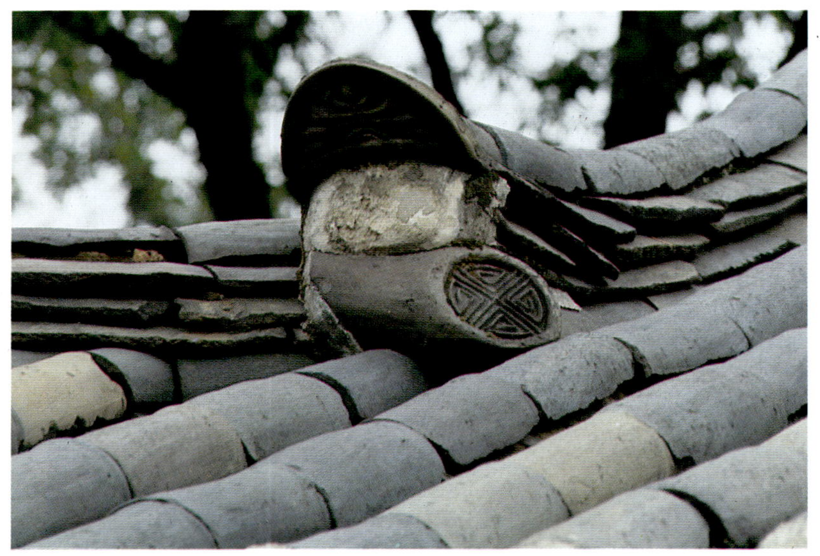

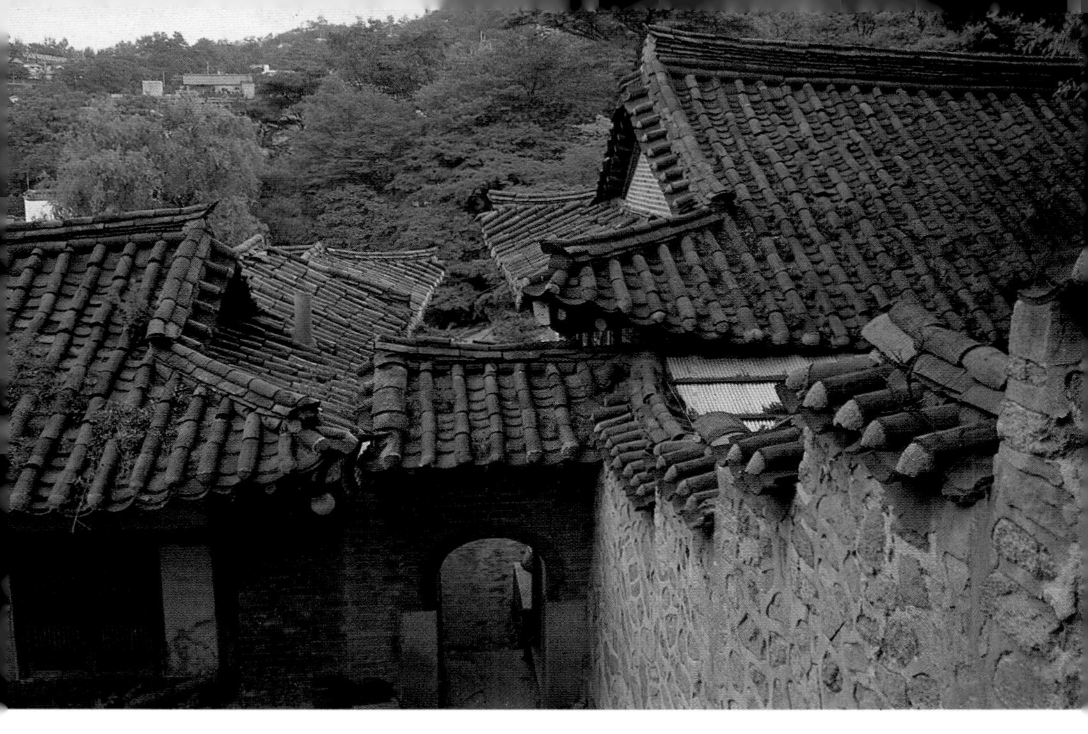

대원군 별장 석파정으로 유명한 별장 건물이다. 팔작지붕의 사랑채와 내별당으로 통하는 샛문 안채의 지붕들이 먼 산과 조화를 이룬다.

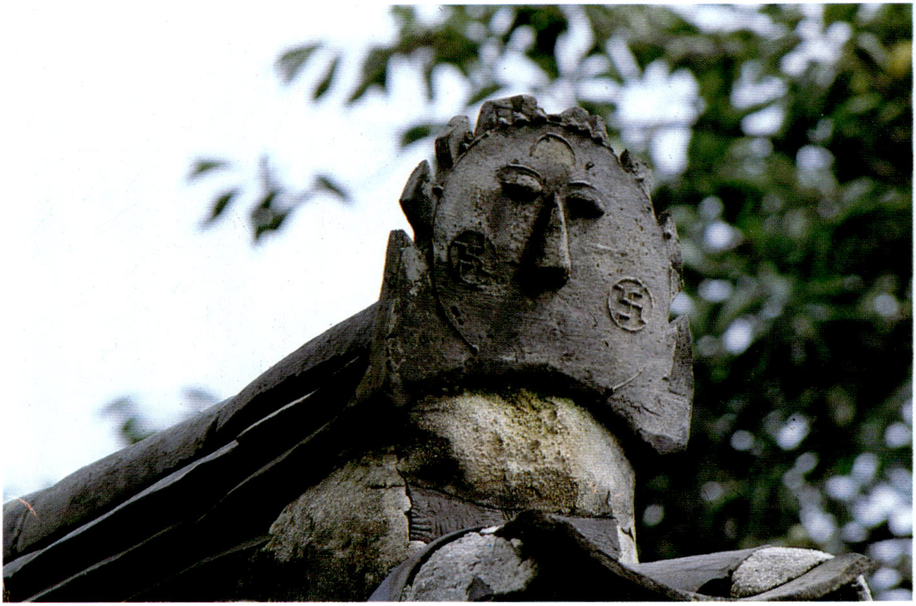

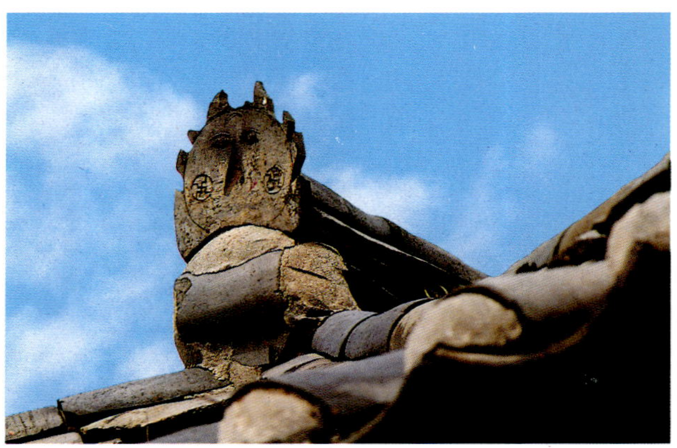

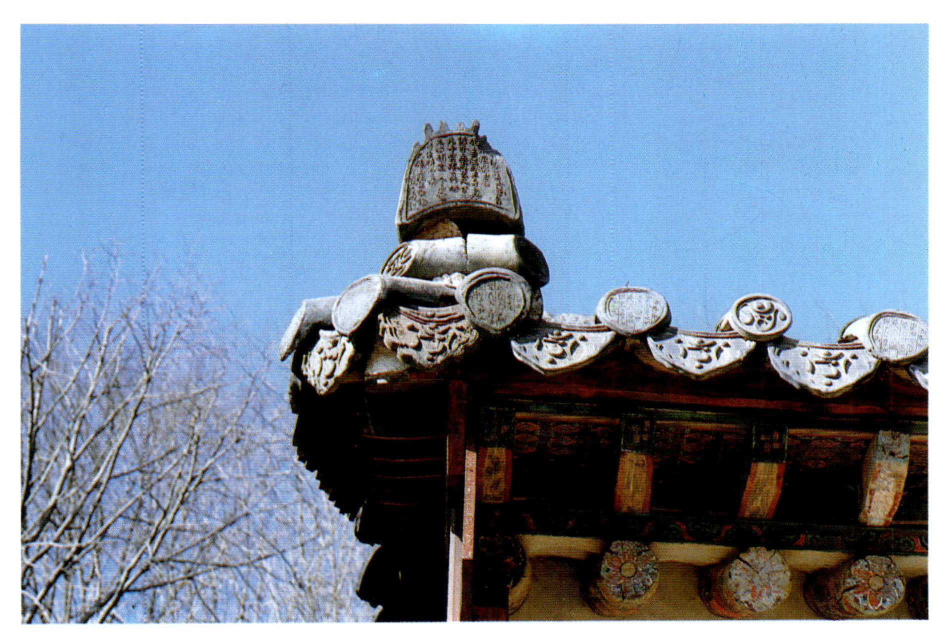

용마루 끝에 올린 망와 회덕 동춘 고택의 망와이다. 동그란 바탕 위에 사람의 얼굴을 닮은 도깨비가 그려졌다. 도깨비라기보다는 새색시를 연상케 하는 모습인데 양볼에 태극무늬를 넣은 것이 특이하다. (왼쪽 위, 아래)

칠장사 대웅전의 망와 망와에 글자를 넣는 경우도 많다. 집을 짓게 된 내력이나, 날짜 등이 기록되기도 한다. 윗부분을 뾰족뾰족하게 한 것은 도깨비 망와의 영향이다.(오른쪽)

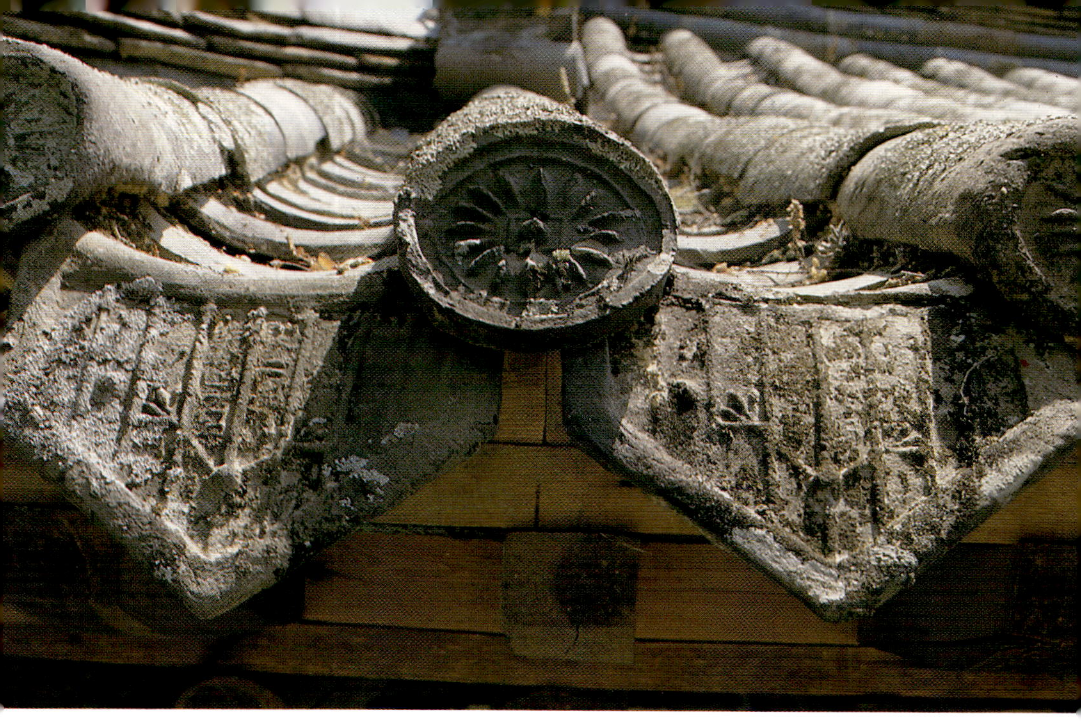

영일 용계정 처마 끝의 막새 깊은 산골짜기의 정자로는 드물게 막새를 완벽하게 갖추
었다. 부근에 기왓가마가 있었던 곳으로 막새의 형태나 무늬가 독특하다.(왼쪽)
담양 소쇄원의 담장의 기와 담장의 벽면에 글자를 넣었기 때문에, 글자의 보호를 위하
여 특별히 구한 막새들을 사용하였다. 민가용이라기보다는 사찰용인 느낌이다.(오른
쪽 위, 아래)

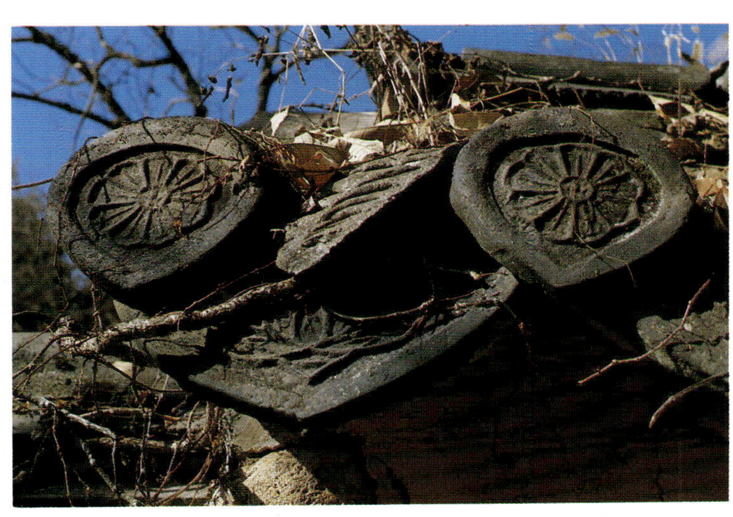

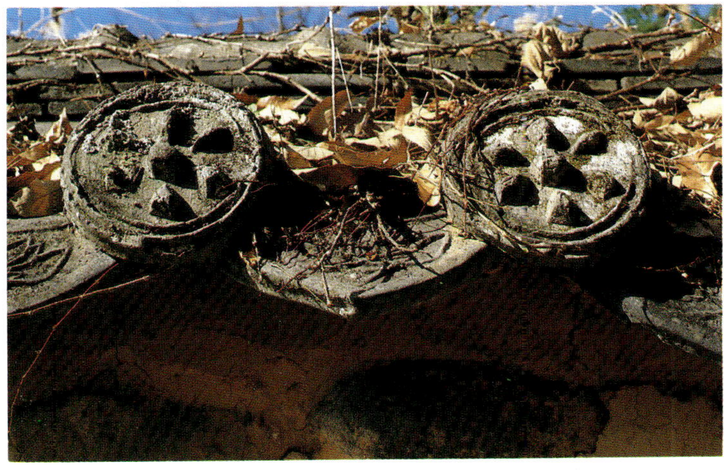

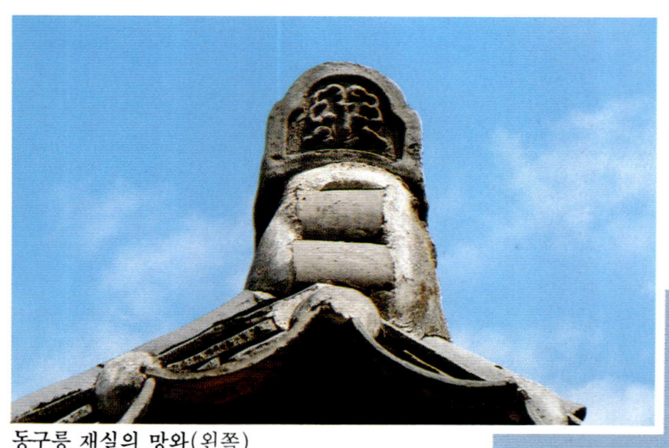

동구릉 재실의 망와(왼쪽)

경복궁 근정전 지붕 팔작지붕으로는 최대한으로
크게 한 집이다. 취두, 용두, 잡상을 격식대로 갖춘
전형적인 궁궐 건축으로 용마루 윗부분에 한 줄로
끼운 암키와는 눈썹과 같은 역할로서 양성바르기를
한 면을 보호한다. 쇠사슬로 된 줄을 늘어뜨린 것은
지붕을 보수할 때 일꾼들이 오르내리기 편하도록
한 것이다.(오른쪽)

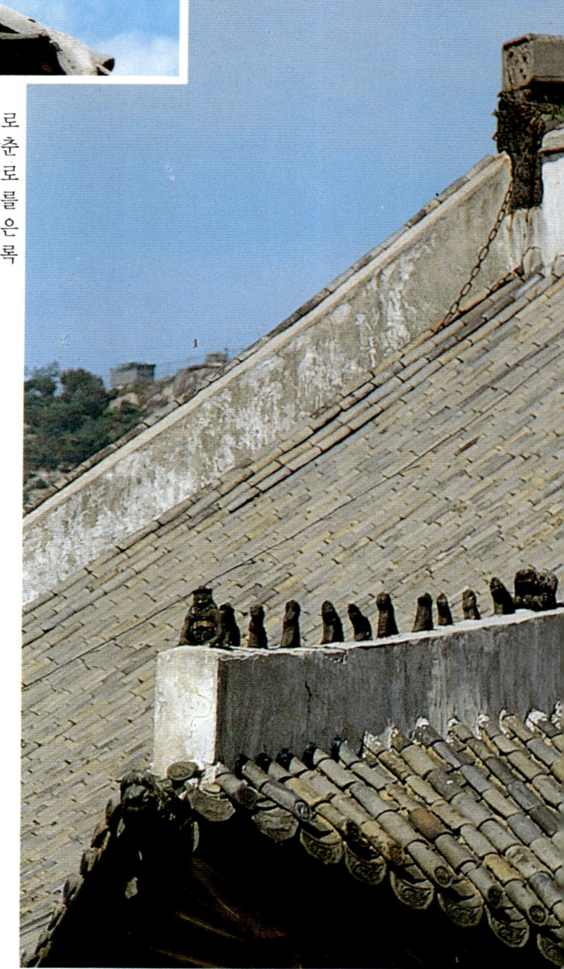

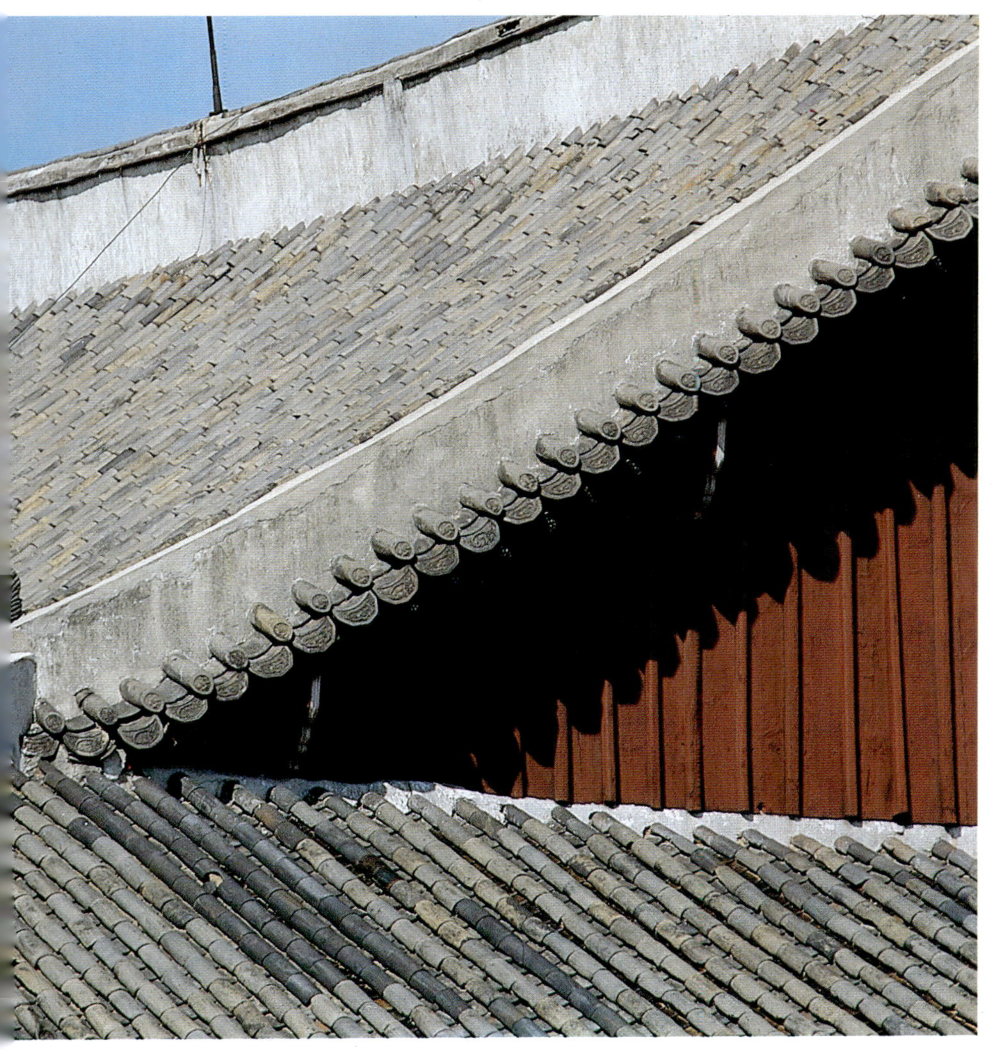

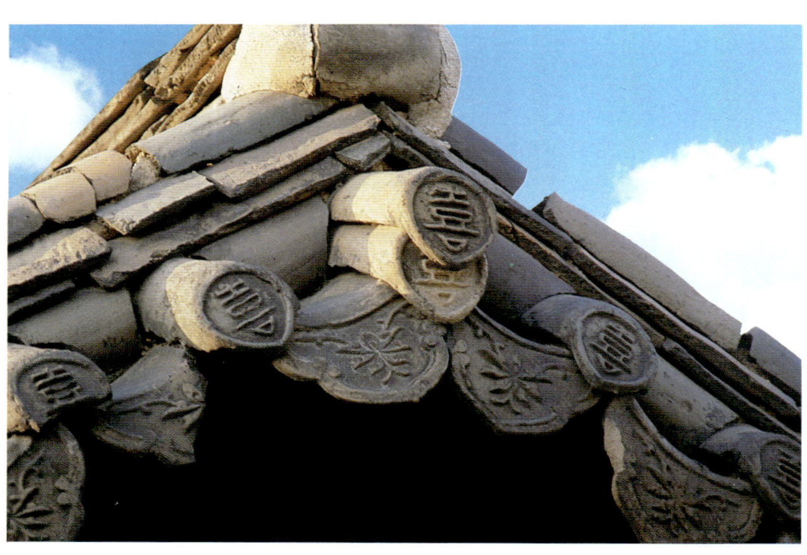

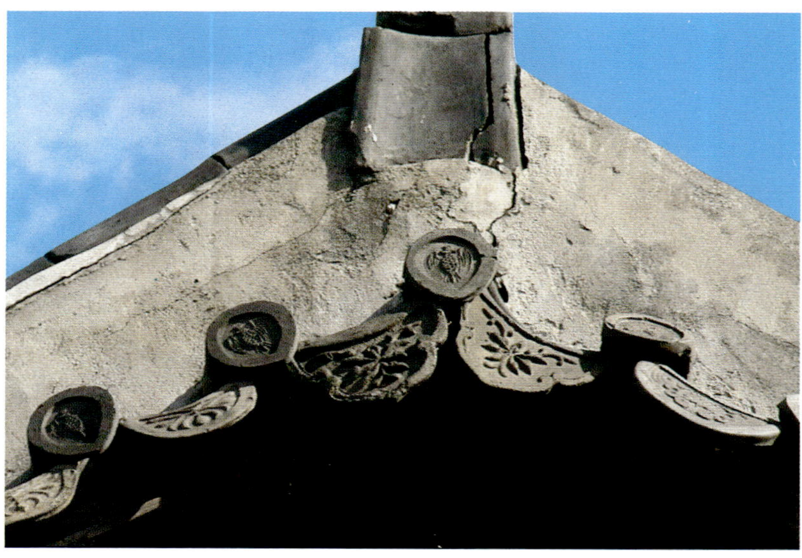

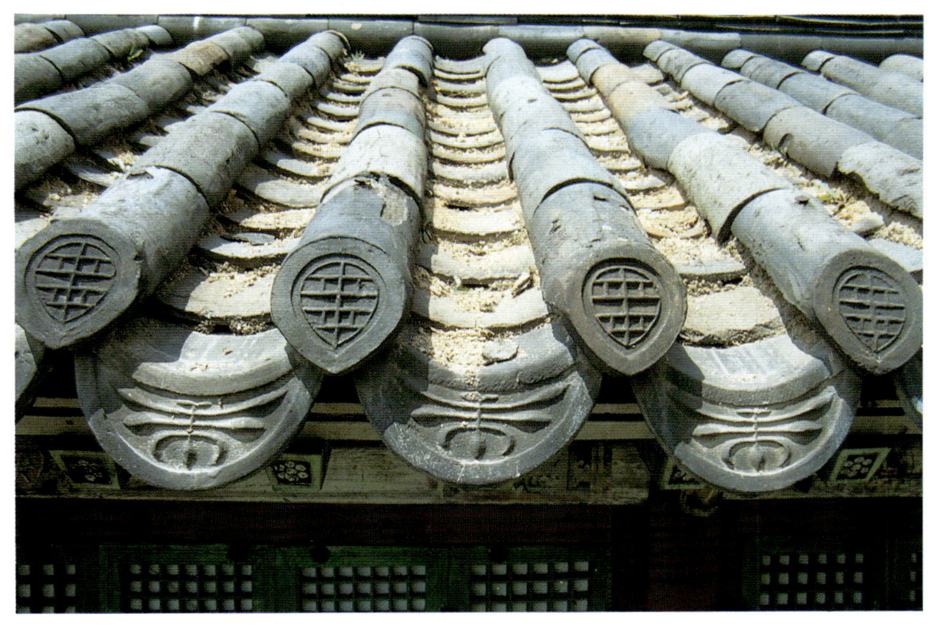

합각을 이룬 부분의 구성　창덕궁 석복헌 용마루 밑에 수막새 두 장을 겹쳐서 처리한 것이 돋보인다.(왼쪽 위)

양성바르기를 한 경우의 박공　동구릉 정자각 막새의 무늬가 수막새는 봉황, 암막새는 불로초인데 암막새의 형태에 변화가 있다.(왼쪽 아래)

창덕궁 승화루 지붕면의 모습　암키와와 수키와가 이루는 기왓골이 정연하다.(오른쪽)

기와의 발전

삼국시대 이후로 보편화되면서 중요한 건물에 필수적으로 사용되고 있었던 기와는 시대에 따라 약간씩의 차이를 보이면서 어느 부분에서는 더욱 발전이 되고 어느 부분에서는 오히려 퇴보하는 경향도 있었다. 곧 기와의 막새무늬가 시대가 내려올수록 생기를 잃어가고 있는 점이나, 삼국시대의 와당(瓦當)은 우뚝하게 뛰어났으나 통일신라의 와당은 섬세하지만 어딘가 복잡하면서도 연약한 느낌이 드는 것 등을 말할 수 있다. 더 나아가서 고려시대의 조잡한 와당과 조선시대의 무계획성, 기계적인 일률성으로 찍어 낸 와당을 들 수 있다.

26, 27쪽 사진

그러나 시대가 흐르면서 기와에 대한 연구도 계속되었고 불편한 점을 고치기 위한 노력 또한 게을리하지는 않았다.

그 결과로 우리 눈앞에 나타나 있는 기와는 대부분 조선시대의 기와이다. 이 기와들은 건물의 조영과 성쇠를 함께 함은 경제 법칙이기도 하다.

한 나라의 전반적인 건축 활동은 그때그때의 경제적인 상황과 밀접한 관계에 있다. 지금도 불경기가 되면 건축 활동의 침체로 건설업계가 먼저 타격을 입는 것이나 마찬가지다.

우리 나라의 역사를 통하여 경제적으로 안정되었던 시기와 그렇지 못하였던 시기를 정확하게 나누기는 어려우나, 당시의 건축 활동이 왕성하였던가의 여부를 가려 보면 대충 알 수 있다.

또한 왕족이나 귀족의 실력이 강하였던 시대의 건축은 그만큼 사치에 흐를 가능성이 높고 대중적인 건축보다는 특수한 건축이 활발하였다. 이러한 전반적인 상황을 놓고 볼 때 조선시대의 사회적, 경제적 상황이 그 선대의 여건에 비추어 여러 가지로 불리한 상태에 있었다고 하겠는데, 특히 임진왜란으로 인한 경제 상태의 전락은 더할 수 없는 고통을 가져왔다. 더구나 많은 건물이 잿더미가 되어 복구하여야 할 수효는 많고 기술자나 재력은 부족하였기 때문에 이를 극복하기 위해서 비상한 대책이 요구되었을 것이다.

이러한 관점에서 볼 때 조선시대의 기와는 개인적인 수요의 측면에서 벗어나 대중적인 것으로, 소규모 생산 체제에서 대규모 공장 생산 체제로 전환하고 있음을 지적할 수 있다. 고려시대에도 대량 생산 체제가 없었던 것은 아니지만 조선시대처럼 상품화 단계에 이르지는 못하였던 것으로 보이며 필요에 따라 제작하여 사용하고 있었다고 볼 수 있다.

조선시대의 기와 공급이 정책적으로 이루어지고 있었음은 조선 태종 6년(1406)에 별와요(別瓦窯)를 만들고, 기와를 대량으로 생산하여 싼 값에 공급하도록 하였던 것으로 알 수 있다.

이 때 해선(海宣) 스님이 중심이 되어 전국에서 기와장이와 스님을 불러 모으고 참지의정부사(叅知議政府事) 이응(李膺)을 제조(提調;우두머리는 아니면서 일을 맡아 다스리던 벼슬자리)로 앉혔다. 화주(化主;중생을 교화하는 교주)가 된 해선 스님이 자금을 담당하고 나섰으며, 이 때 동원된 스님과 기와장이는 충청도, 강원도에서 각각 스님 50명, 기와장이 6명, 경상도에서 스님 80명, 기와장이 10명, 경기도, 풍해도(황해도)에서 각각 스님 30명, 기와장이

5명, 전라도에서 스님 30명, 기와장이 8명 해서 모두 스님 270명, 기와장이 40명이었다.

이와 같이 대대적인 사업으로 전개되기 시작한 기와의 제작, 공급은 하나의 선례를 남기면서 이후의 조선시대 기와에 새로운 계기를 마련하였다고 볼 수 있다. 곧 몇몇 사람에 의하여 일시적으로 운영되던 '와요(瓦窯)'가 대규모로 바뀌면서 좀더 분업적인 제작 기법이 발전되었으며 형태의 단순화가 이루어지면서 기능적인 면이 강조되었던 것이다.

기능적인 역할로서의 기와는 역시 비가 새지 않도록 하는 데 있다. 그러나 모양새를 가꾸는 쪽으로 더욱 발전되어 있던 막새에서는 미적 감각의 추구에 주안점을 두는데, 조선시대의 막새 모양이 그 이전의 것과 상당히 다르다는 점에(특히 암막새) 우리는 관심을 가져야 한다.

24, 25쪽 사진   암막새의 모양은 그 상하 폭이 넓어지면서 끝이 뾰족하거나 타원형으로 되어 있다. 그만큼 면적이 넓어지고 있는데, 넓어진 만큼 서까래 끝이나 부연의 끝을 보호해 주는 기능도 강화되었다. 곧 비가 들이쳐서 젖게 되는 것을 막아 주게 된 것이다. 실제로 이 부분은 바깥으로 나와 있으므로 비로 인한 피해가 상당히 심했고 그러한 피해를 조금이라도 막아 보자는 생각에서 막새를 크게 만들기 시작하였다고 보아야 한다. 이러한 짐작이 가능한 것은, 미적인 면만을 고려하였다면 꼭 크게 만들어야 할 필요도 없었고, 실제로 조선의 막새가 아름다운 면에서는 뒤떨어짐을 보아도 알 수 있다.

따라서 미적인 면보다는 기능적인 면이 강조되면서 대량 생산 체제가 일반화된 조선조의 기와는 그 이전의 미적인 면에 치우치던 것에서 벗어나야 했다.

28, 37쪽 사진   기능적인 보강은 막새의 크기에서 뿐만 아니라 몸체와 드림새판이 이루는 각도에서도 나타난다.

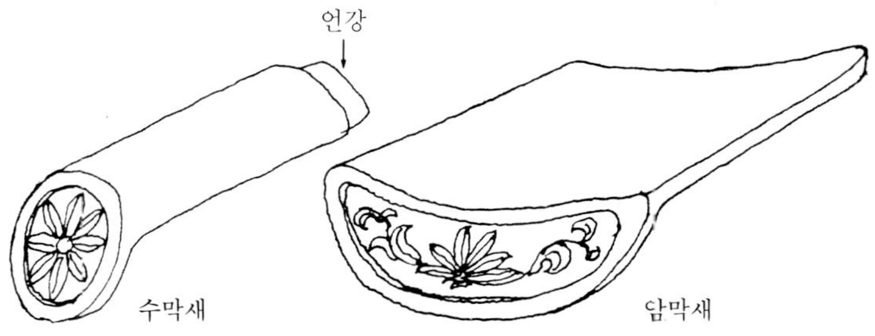

　고려시대까지만 하여도 거의 직각을 이루고 있었던 것이 조선시대가 되면서 점점 완만한 경사를 이루기 시작한다. 이것은 지붕의 경사를 따라서 흘러내리는 빗물을 좀더 약하게 그리고 멀리 떨어지게 하는 효과가 있다. 또한 보기에도 안정감이 있어서 처마 끝이 이루는 곡선과 함께 조화를 이루고 있다.

29쪽 사진

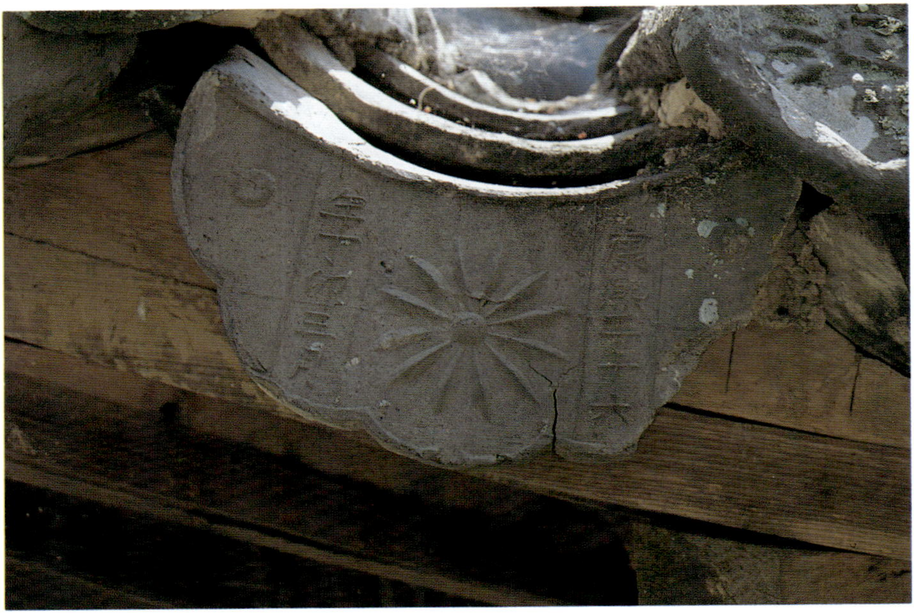

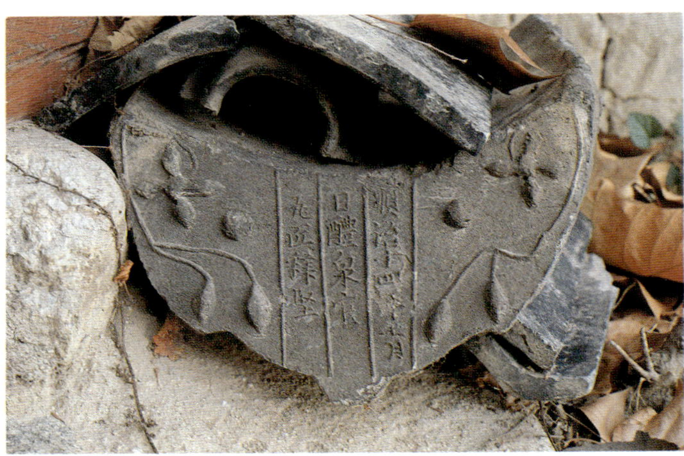

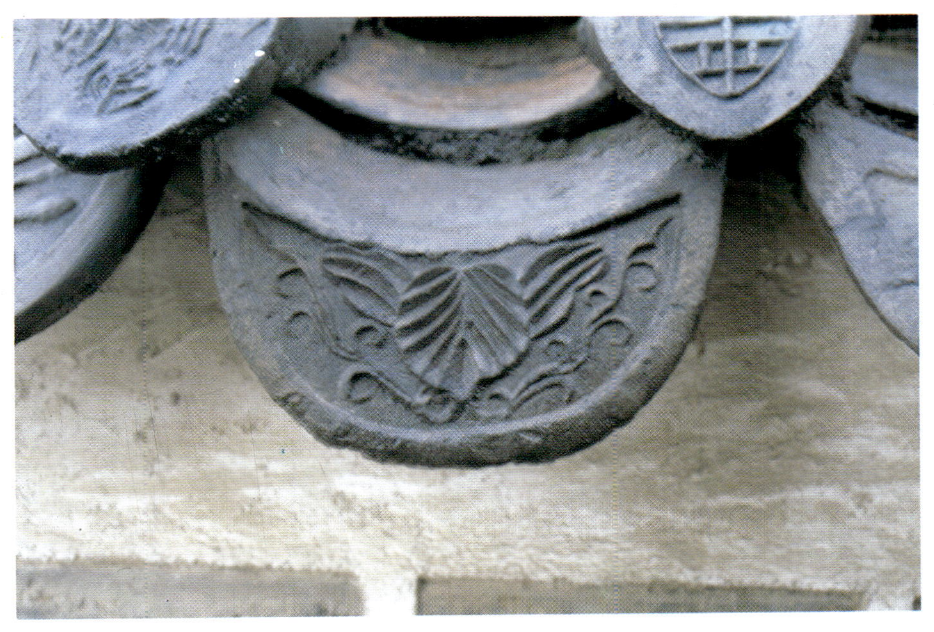

영일 용계정 암막새 하단이 여러 번 굴곡된 형태이다. 중심에 꽃무늬를 넣고, 좌우에 기와를 제작한 연월을 적었다.(왼쪽 위)

예천 권씨 종가 담장 지붕의 암막새 암막새에 제작 연대와 만든 곳을 밝혔다. 예천의 관와(官瓦)에서 만든 것이다.(왼쪽 아래)

창덕궁 담장의 암막새 일반적인 암막새의 형태인데, 중앙에 넓적한 나뭇잎을 넣은 것이 독특하다.(오른쪽)

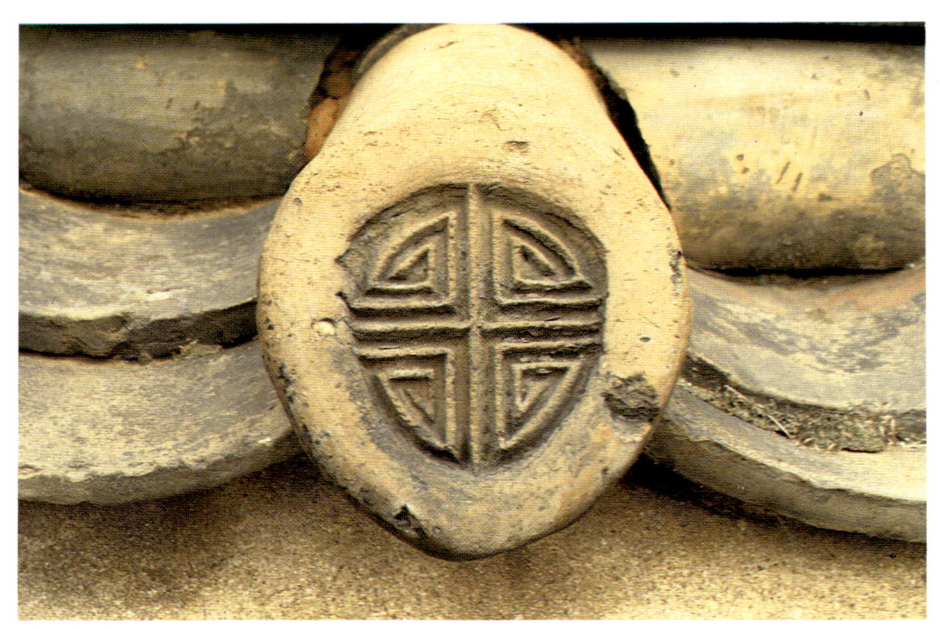

동구릉 재실의 막새 조선시대 궁궐이나 능원에서 가장 대표적으로 쓰였던 무늬이다. 떡살무늬를 대하는 듯하다.(왼쪽)
동구릉 재실의 망와 암막새로 제작된 것이나 담장 등에서는 망와로도 쓰인다. 불로초 무늬이다.(오른쪽 위)
암막새가 망와로 쓰였다. 나뭇잎의 무늬가 독특한데 중심부에 ＋자 무늬가 있다. (오른쪽 아래)

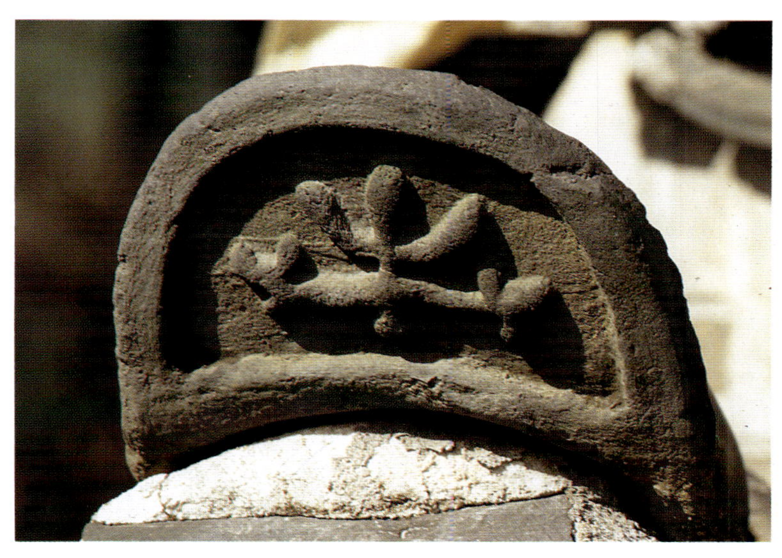

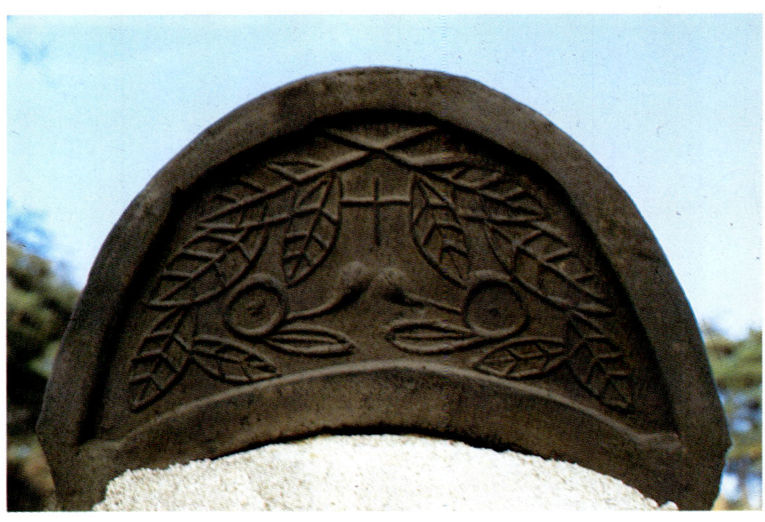

진양군 민가의 박공 박공벽의 처리를 위하여 기왓장을 이용한 경우가 많다. 하얗게 회벽한 속에 나무 한 그루를 심었다.

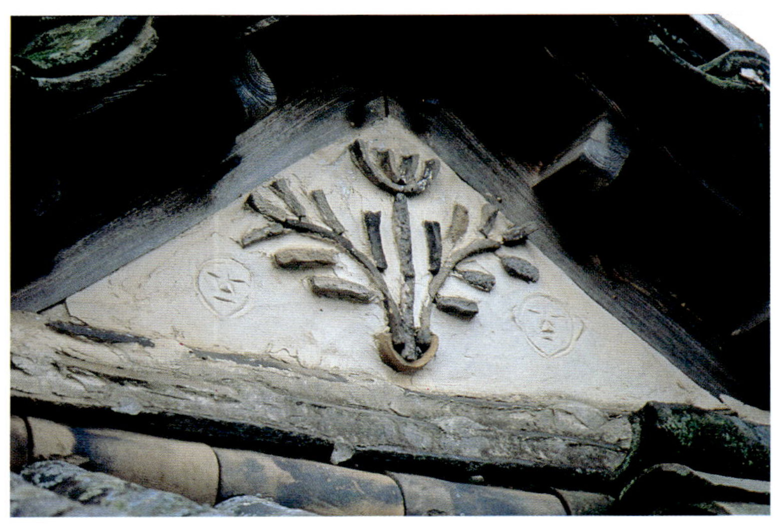

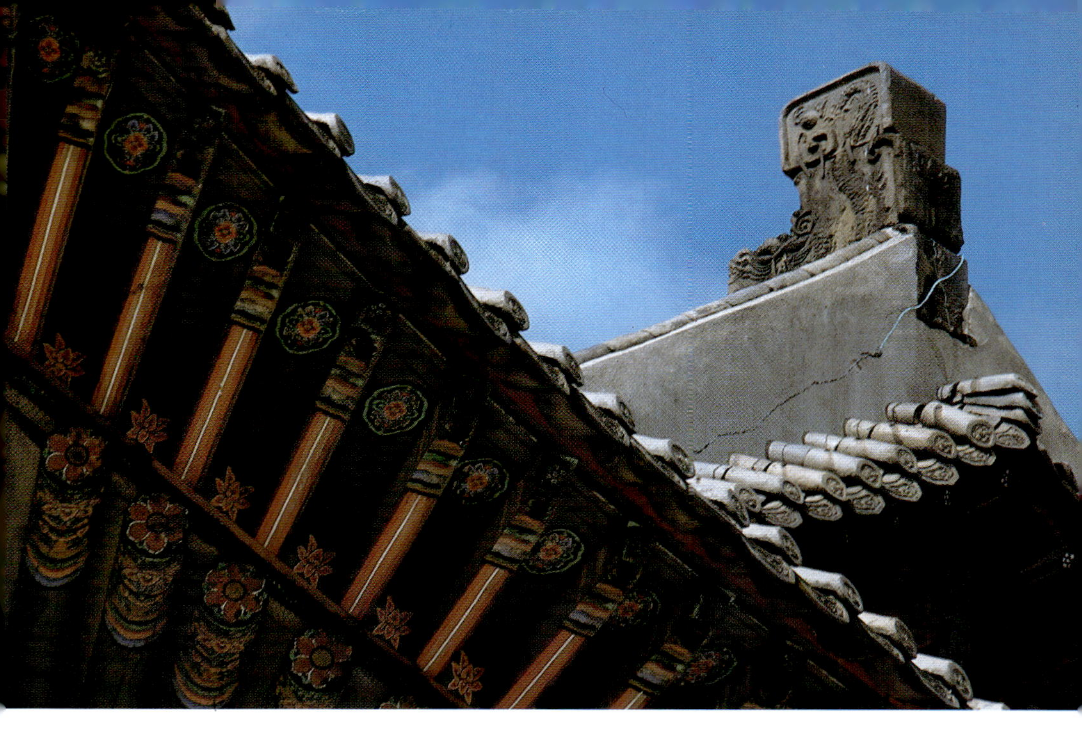

경복궁 근정전 지붕선 용마루 끝에 올리는 장식물이 몇 가지가 있지만, 조선시대 궁궐에서는 대부분 취두를 썼다. 세 토막으로 이루어진 취두는 독수리의 머리인데, 옆면에 여의주와 용무늬를 새겼다.

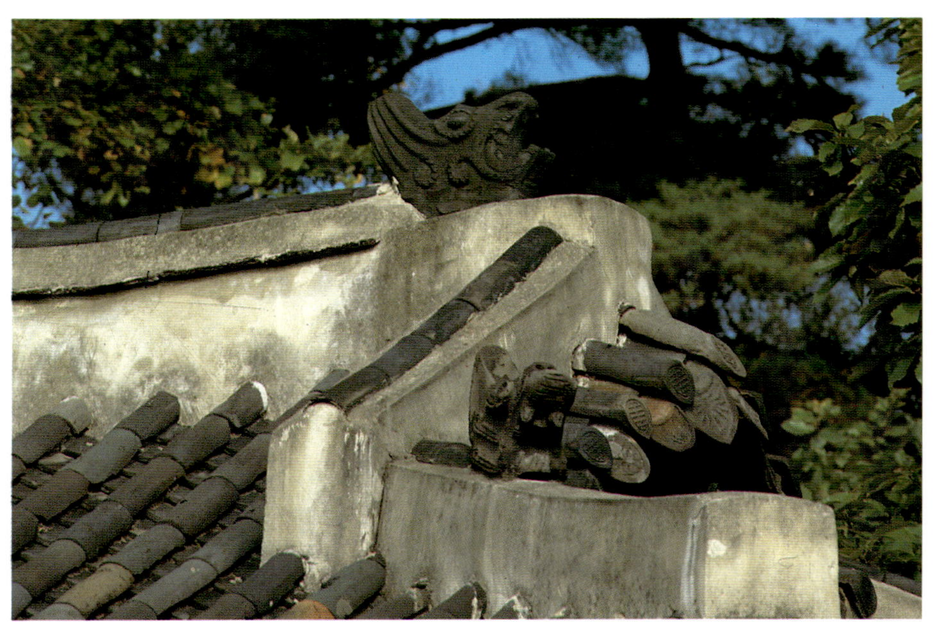

동구릉 현릉 비각의 지붕 비각의 용마루에는 대부분 용두를 올린다.

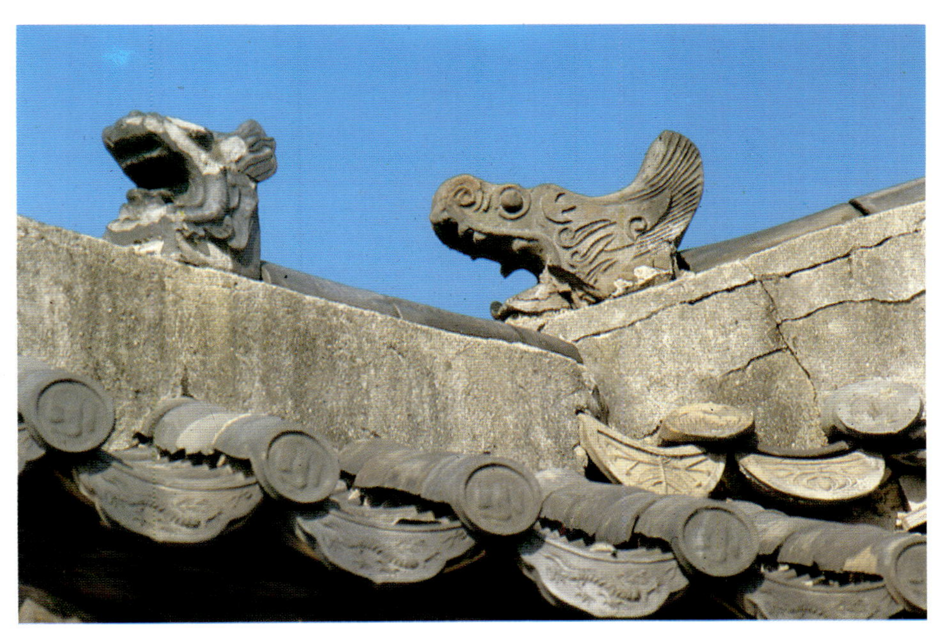

동구릉 건원릉 비각의 지붕 내림마루와 추녀마루에도 용두가 장식돤다. 팔작지붕에서 내림마루는 끝부분에, 추녀마루는 잡상의 뒤쪽에 둔다.

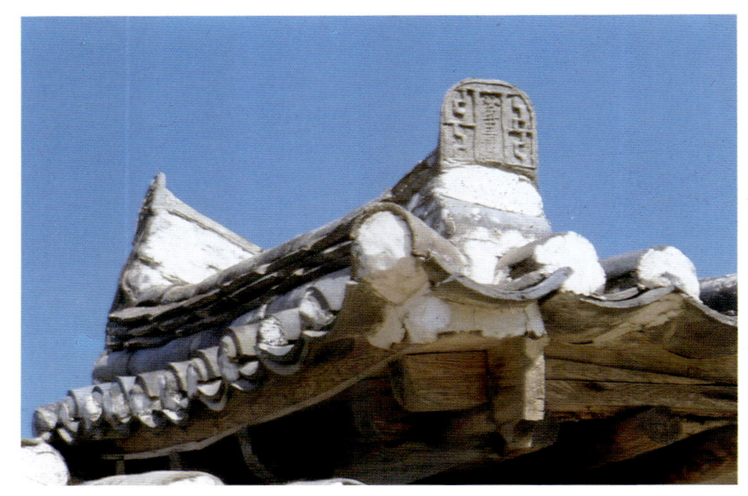

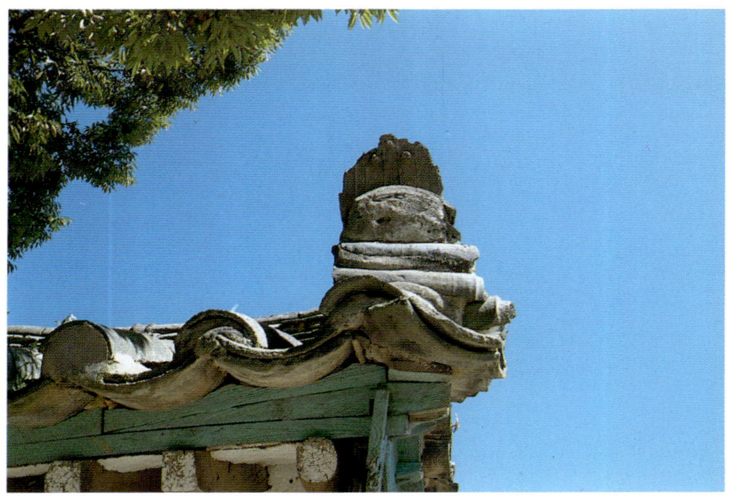

망와 왼쪽 위는 경성재의 지붕에 장식된 독특한 무늬의 망와로, 무늬판을 크게 하면서도 윗면을 동그스럼하게 하였다. 왼쪽 아래는 화순 용장리 비각의 망와이다. 도깨비 무늬가 퇴화한 모습으로 뾰족한 형태의 내부에 눈의 모습만 남은 형상이다. 오른쪽은 내소사 청련암의 망와로 제법 모양을 갖춘 도깨비 얼굴이다. 튀어나온 눈썹과 삼각형에 가깝게 한 얼굴 모습이 독특하다.

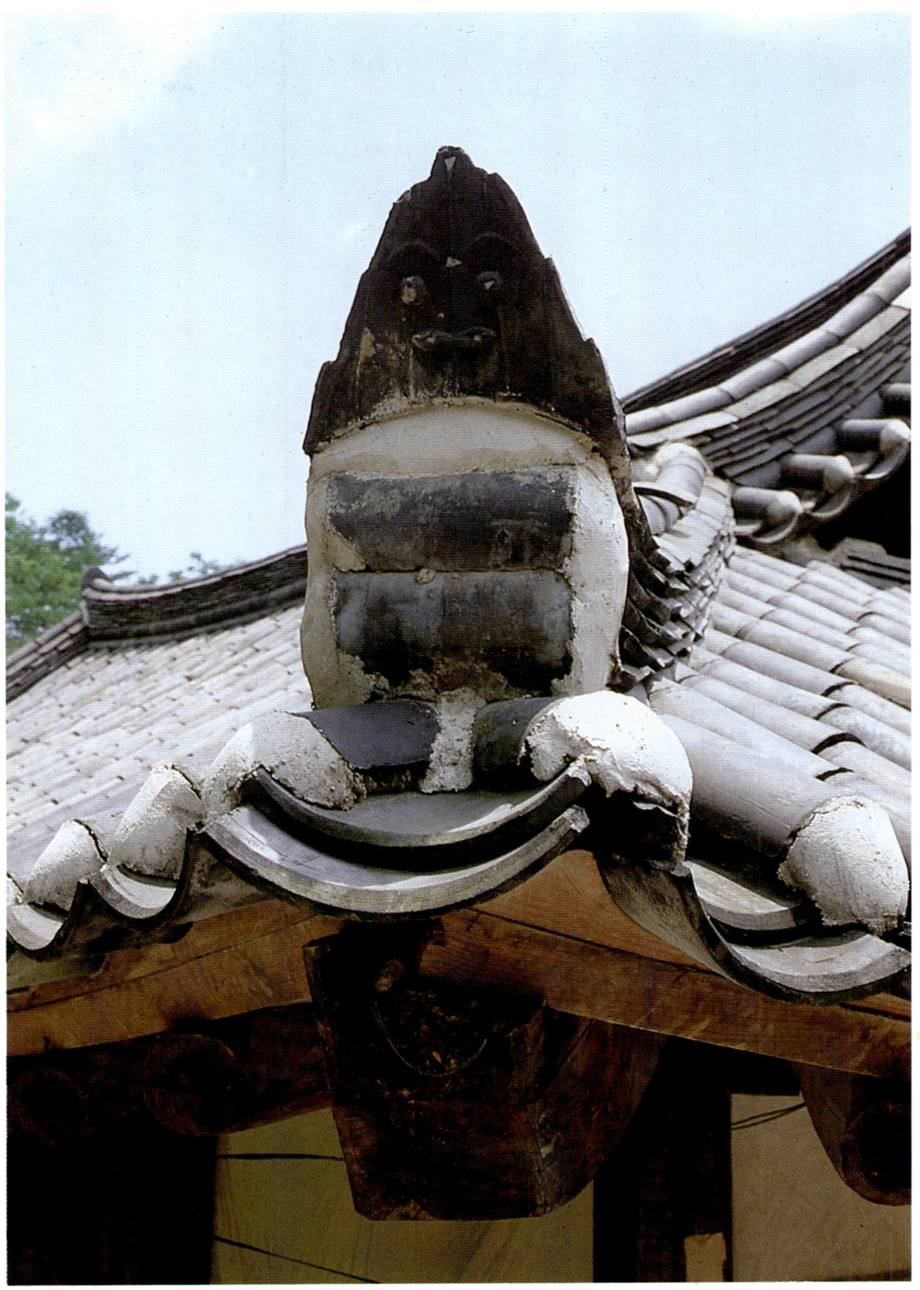

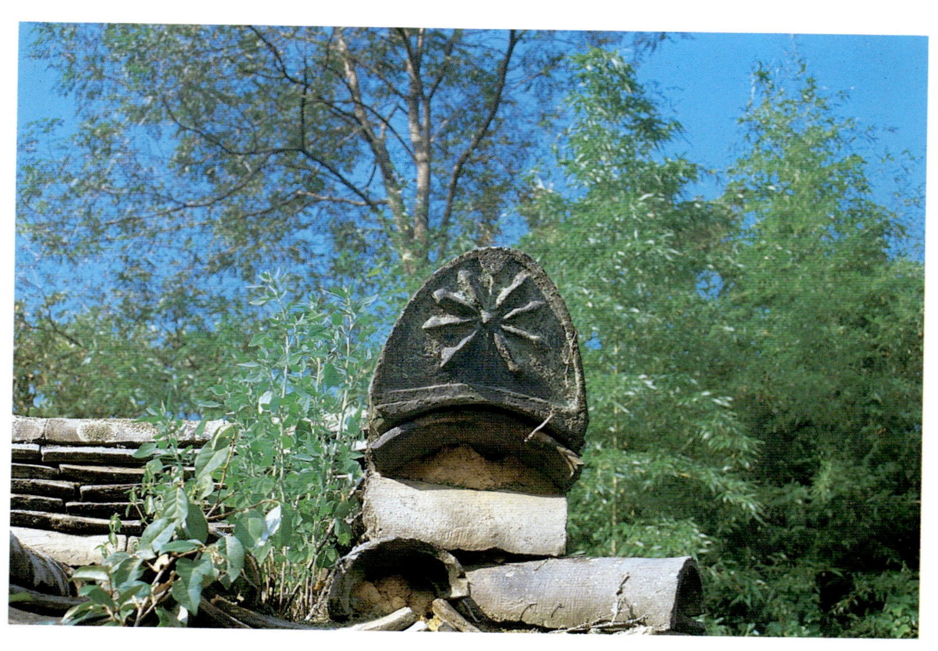

망와 보편적인 망와의 형태에 큼직한 꽃무늬 하나로 처리하였지만, 깔끔하면서도 균형이 잡혔다. 보성 이금재 씨 댁

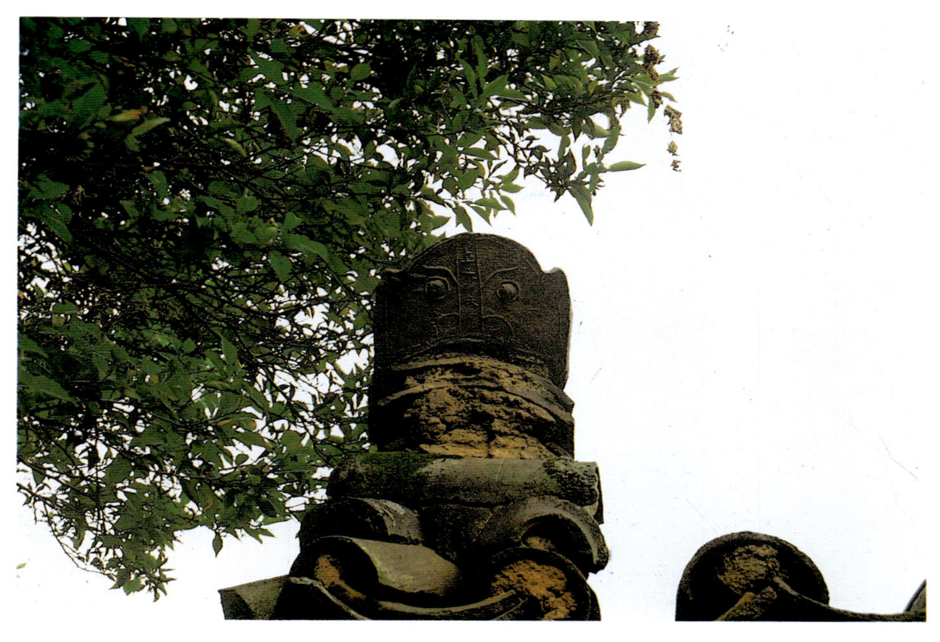

망와 도깨비 얼굴이 퇴화하면서 그 속에 글자가 새겨졌다. 귀를 표현한 듯한 양쪽의 돌출부가 색다르다. 보성 이금재 씨 댁

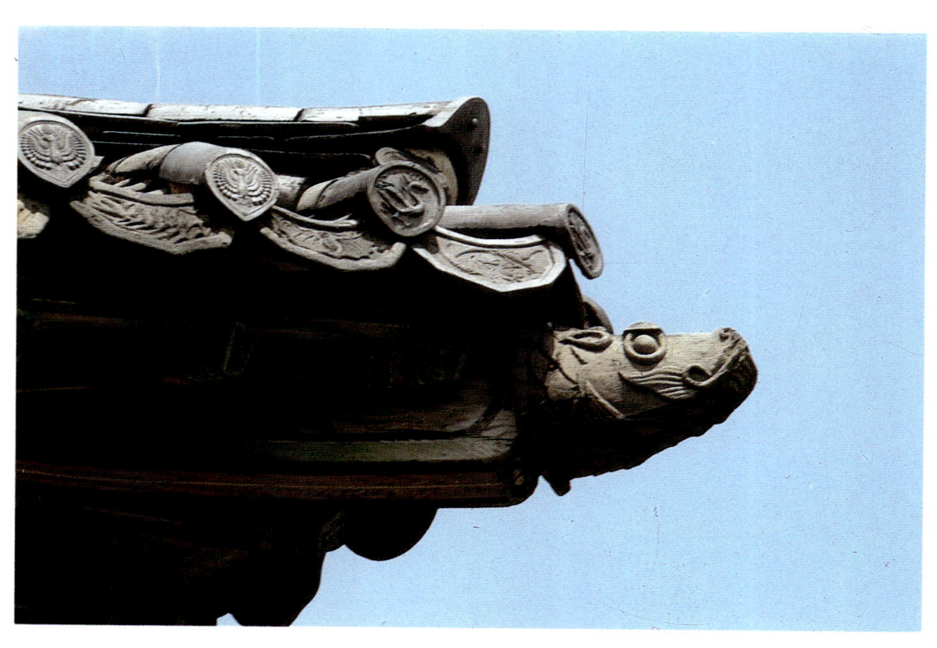

사래 끝에 박은 토수 잉어의 머리 부분을 표현한 형상인데, 이무기를 형상화한 것이
많다. 승화루의 토수이다.

취두 취두의 형태에도 여러 가지가 있다. 위는 종묘 정전의 취두로 용마루의 상단을 입에 물고 있는 모습인데, 벼슬 부분이 크게 융기되었다. 아래는 양성바르기를 하지 않은 지붕에 취두를 올렸다. 취두 옆면의 무늬가 많이 퇴화된 모습이다. 승화루 취두이다.

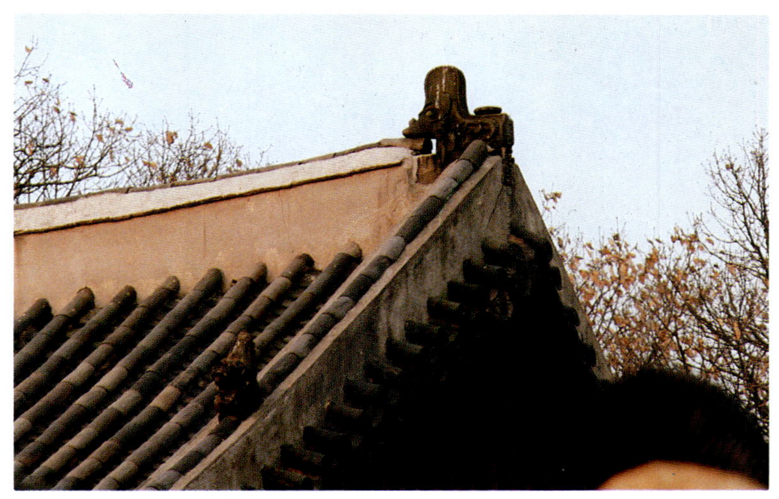

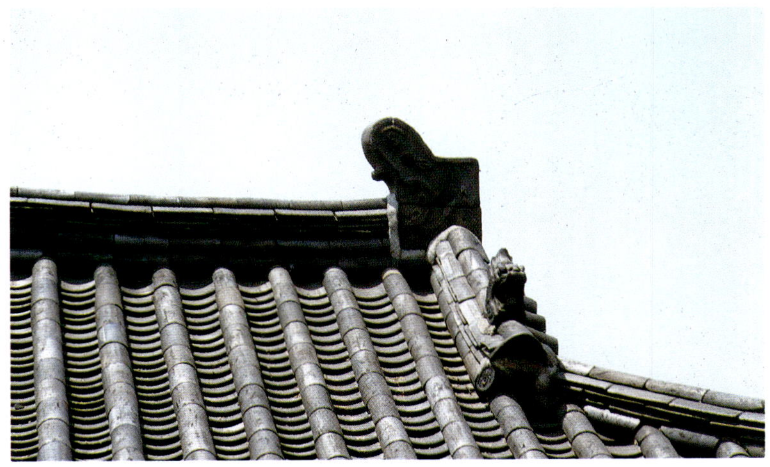

기와잇기

지붕의 구성은 집의 골격이 이루어지면서 시작된다. 지붕의 모양을 결정하는 중요한 것은 집의 성격이나 용도라고 할 수 있다.

먼저 지붕의 형태를 분류하면 팔작지붕, 맞배지붕, 우진각지붕, 사모지붕(모임지붕)으로 크게 나눌 수 있고 집에 따라서는 몇 가지 형태의 지붕을 복합적으로 사용한 경우도 있다. 모임지붕은 집의 평면 형태에 따라 육모, 팔모 등으로 세분되기도 하며 특수하게 십자(十字) 모양인 경우도 있다.

45쪽 사진　　가장 흔하게 사용된 지붕 모양은 팔작, 맞배, 우진각이라 할 수 있고 이 3가지 형태가 복합적으로 사용되기도 하면서 복잡한 모양의 지붕을 만들어 내기도 한다.

기와로 지붕을 얹는 경우 지붕 자체의 구성은 지붕의 형태에 관계없이 대략 비슷한 과정을 거치게 된다.

지붕은 서까래를 얹음으로써 그 골격이 이루어지며 이 때부터 시작되는 이후의 과정을 지붕 만드는 범위에 넣게 된다. 아울러 목수의 일이 대강 끝난 상태에서 와공에게 일의 주도권이 넘어가는 단계가 되기도 한다.

서까래와 서까래의 사이는 대략 1자가 보통인데 이 사이를 먼저 덮어야 한다. 지붕에 올라가는 흙의 양이 많으면 기와의 무게까지 가중되기 때문에 서까래 사이를 덮는 데에도 세심한 주의를 기울여야 한다.

서까래 사이를 덮는 방법은 서까래개판을 이용하거나, 산자엮기를 하는 것이 일반적이다. 서까래개판은 판자의 폭을 서까래 간격과 비슷하게 하되 약간 좁게 하고 두께는 1.5치 내지 2치로 하여 서까래 방향으로 덮어 나간다.

산자엮기는 집의 규모가 작은 경우, 겨릅대(껍질을 벗겨 낸 삼대)를 이용하거나 수수깡을 쓰기도 하지만 주로 장작처럼 팬 나무를 새끼줄로 엮어서 덮어 나간다. 이와 함께 연함 깎는 일도 진행해야 한다. 평고대 위에 올려 놓아 지붕의 마지막 기와를 받치고 있는 이 연함은 암키와의 크기와 간격, 곡률(曲率;곡선의 굽은 정도)에 맞추어 파낸다. 따라서 연함 깎는 일은 목수가 아닌 와공이 맡게 되는 것이다. 연함을 잘못 깎아 놓으면 기왓골이 맞지 않게 되기 때문에 지붕 면이 말끔하게 정리되지 못한다.

산자엮기가 끝나면 적심(산자를 엮은 위에 흙을 넣고 그 위에 넣는 나무 조각이나 껍질들)을 채운다. 적심은 지붕의 골격에 따라 깊게 채워야 하는 부분도 있고 얕게 채워야 되는 곳도 있다. 장연(長椽)과 단연(短椽)이 서로 만나는 중도리 부분에서는 상당히 두껍게 채워지는데 지붕을 견고히 하기 위하여 큼직한 통나무를 반 쪽이나 네 쪽으로 쪼개어 채우기도 한다. 적심은 피죽이 주로 사용되는데, 헌 재목이나 부스러기 나무들도 긴 것으로 골라 올려 놓기도 한다.

적심은 서까래와는 직각이 되도록 놓아야 하며 흘러내리거나 이리저리 움직이지 않도록 다발로 묶거나 못을 박아 고정을 시킨다. 적심을 채우는 이유는 다음과 같다.

44쪽 사진

첫째, 지붕의 무게를 줄이기 위한 것이다. 만일 적심 부분을 모두 흙으로 채워야 한다면 지붕이 몸체에 비해 무거워질 것이다.

둘째, 서까래의 부식을 방지하는 데 효과가 있다. 보토(지붕의 곡선을 잡기 위하여 채우는 흙)가 직접 서까래에 접하게 되면 그만큼 서까래에 습기를 많이 주게 되며, 더러 기와가 깨지면 빗물이 스며들게 된다. 그러나 나무로 적심을 채우면 보토와 서까래와의 사이에 약간의 공간이 생기게 되고 이 공기층 때문에 습기의 전달이 더디게 될 뿐만 아니라 쉽게 마르게 하는 효과가 있다.

셋째, 단열 효과가 생긴다. 적심은 목재이기 때문에 흙보다는 열전도가 적고 또한 적심 사이의 공기층이 그러한 역할을 보완해 주기 때문이다. 적심을 잘 채우면 지붕을 가볍게, 튼튼하게 해주며, 보온 단열의 효과까지 얻게 되는 것이다.

이렇게 적심을 채운 위에는 보토를 깔게 된다. 보토는 마사토에 생석회를 섞어서 지붕 면의 바탕을 이루도록 한다. 이러한 보토는 생석회(강회)를 적당히 섞기 때문에 완전히 굳은 다음에는 아주 견고해진다. 지붕에 풀씨가 날아와 발아하여 풀이 수북하게 자란 것을 볼 수 있는데 이것은 대체로 생석회를 쓰지 않았을 경우 나타나는 일이다.

보토로써 지붕의 곡선을 잡아가면서 기와를 올리는데, 기와는 먼저 연함에 맞추어 바닥기와인 암키와부터 깔아 나간다. 따라서 처마 끝에서부터 깔아 올라가게 되는데 이 때 막새기와가 준비되어 있으면 먼저 암막새를 놓은 다음 바닥기와를 깐다. 암키와는 바닥에 깔아 나갈 때 2장 내지 3장씩을 겹쳐 잇게 된다. 이 때 겹쳐 잇는 것은 첫번째 바닥기와의 밑으로부터 전체 길이의 $\frac{1}{3}$ 내지 $\frac{1}{2}$ 정도에서 그 윗장을 놓고, 다시 그 위의 기와는 같은 요령으로 올려 놓게 되는 것이다.

따라서 $\frac{1}{3}$ 정도에서 물려서 덮는 것은 결국 3장 겹치기가 되고,

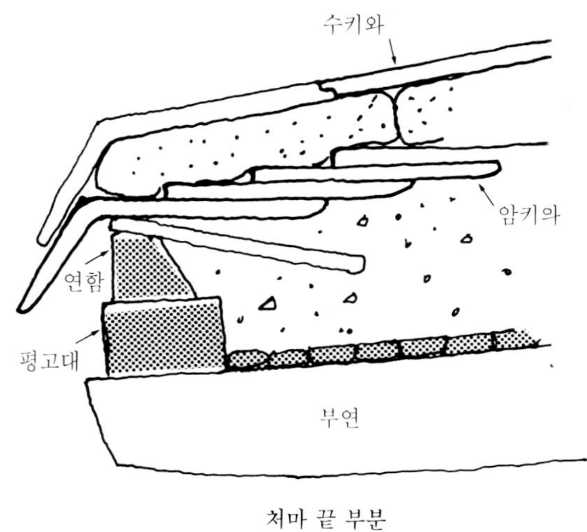

처마 끝 부분

½ 정도에서 덮는 것은 2장 겹치기가 된다. 일반적으로는 3장 겹치기가 주로 사용되고 있으나 담장이나 헛간 같은 비교적 중요하지 않은 건물에서는 2장 겹치기법도 쓰인다.(그림 참조)

수키와는 암키와끼리 서로 맞닿은 부분을 덮어 주듯이 놓아 나가는데 역시 처마 끝에서부터 시작하여 위로 올라가면서 덮는다. 그러나 수키와는 겹쳐서 잇지를 않고 수키와의 뒤뿌리이 언강을 만들어 언강 부분에 뒤쪽의 수키와 앞머리를 올려 놓도록 한다. 따라서 수키와의 앞머리와 뒤뿌리는 서로 물릴 수 있도록 그 모양새를 결정하여 만들어야 한다.(그림 참조)

수키와를 놓을 때는 기와가 움직이지 않도록 그정시키기 위해 흙을 채우는데 이 흙을 홍두깨흙이라고 한다. 이것은 보토와 같은 요령으로 만든다.

막새와 평기와(암키와와 수키와의 총칭)가 모두 이어지면 마루기와를 쌓게 된다.

46쪽 사진

47쪽 사진

마루기와는 각 마루에 따라 암마룻장 기와의 단수(段數)를 결정하게 되는데, 가장 높게 하는 것이 용마루이고, 다음으로 내림마루, 추녀마루의 순으로 한다. 그러나 추녀마루와 내림마루는 대개 비슷한 크기로 쌓는 것이 일반적이다. 마루기와 쌓기는 맨 아래에 착고(기왓골을 막으려고 마루를 덮는 암키와 밑에 놓는 수키와) 또는 착고와 부고(착고 위에 얹는 수키와)를 이중으로 놓고 그 위에 암마룻장 기와를 놓은 다음 맨 위에 숫마룻장 기와를 1장 엎어 놓는다.

용마루는 집의 규모에 따라 암마룻장 기와를 5단 내지 9단으로 쌓게 되는데 기왓골에 맞추어 다듬어 넣은 착고와 그 위에 1장 더 올려 놓은 부고를 기반으로 하여 그림에서 보는 것처럼 차곡차곡 쌓아 올린다. 보통의 집에서는 5단을 주로 쓰지만 약간 큰 집에서는 7단을 많이 쓰고 9단은 아주 규모가 큰 집에서나 쓴다.

내림마루나 추녀마루에서는 부고의 사용이 안 되는 경우가 더 많은데, 용마루처럼 수평이 아니고 경사를 이루고 있기 때문에 부고를 올려 놓는 일이 그만큼 어렵기 때문이다. 따라서 높이도 수키와 지름만큼 낮아지게 된다. 이 경우 암마룻장 기와는 3단 내지 5단으로 끝내는 것이 보통이다.

43쪽 사진

각 마루의 끝에는 망와(望瓦 ; 우뚝하게 생긴 암막새)를 놓으며 망와 대신에 용두, 취두 등을 올려 놓기도 하는데 용두나 취두와 같은 규모가 큰 장식물을 올려 놓으려면 여러 가지 어려움이 뒤따른다. 마무리가 잘 안 되기 때문이다. 이렇게 깔끔한 마무리가 잘 안 될 때에는 마루 자체를 깨끗하게 싸발라 버리는 양성바르기를 하는 것이 편하다.

양성바르기는 마루기와의 전체에 회벽을 바르듯이 싸바르는 것으로 윗면의 숫마룻장 기와만은 노출된 상태로 둔다. 이 때 암마룻장 기와 중 윗부분에서 두세 번째 단의 것을 눈썹처럼 내밀게 하는 경우도 있다. 따라서 회벽을 바른 벽에 1줄의 선이 생기게 되는 모습인데 빗물이 흘러내리는 것을 방지하여 준다. 위에서부터 빗물이 줄줄 흘러내리게 되면 그 자국이 남게 되고 시간이 흐르면 보기 흉하게 되는데 이 눈썹처럼 내민 암마룻장 기와가 있음으로써 그것을 방지하여 줌은 물론 보기에도 좋은 효과가 있다.

또한 용두, 취두, 잡상(귀마루에 얹는 신상) 등의 장식을 함으로써 나타나게 되는 복잡한 모양을 감싸 주면서 지붕이 조금이나마 가볍게 보이도록 하는 역할을 양성바르기에서 찾을 수 있다.

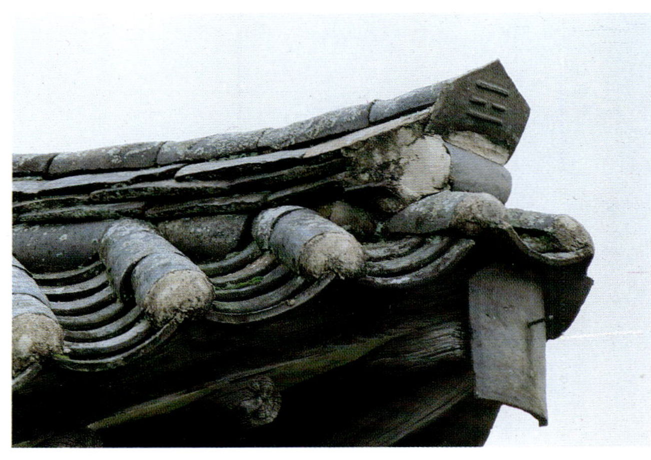

논산 윤증 고택 사랑채 추녀 추녀마루 끝에 있는 망와로, 오각형의 형태 안에 팔괘 가운데 하나를 새겼다. 또 추녀 끝에 암키와를 세워서 박은 것은 토수 대신 쓰여진 것이다. 빗물이 들이쳐서 나무가 썩는 것을 방지할 목적이다.

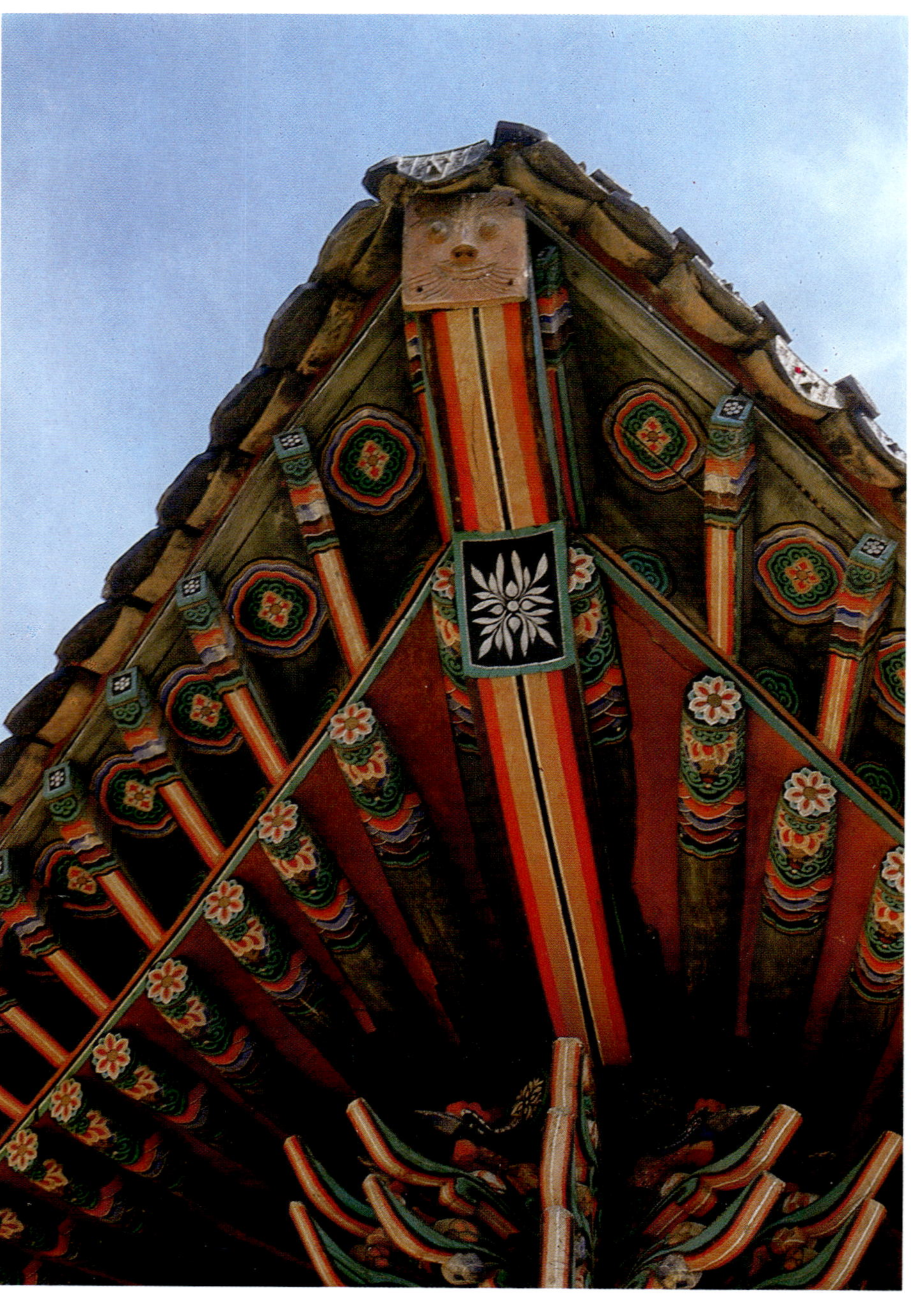

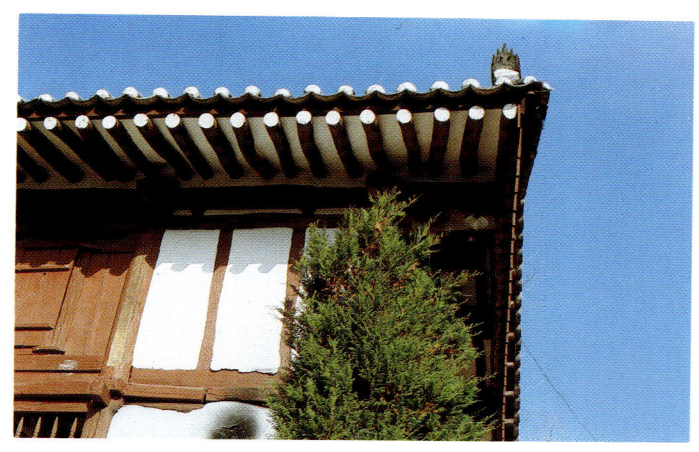

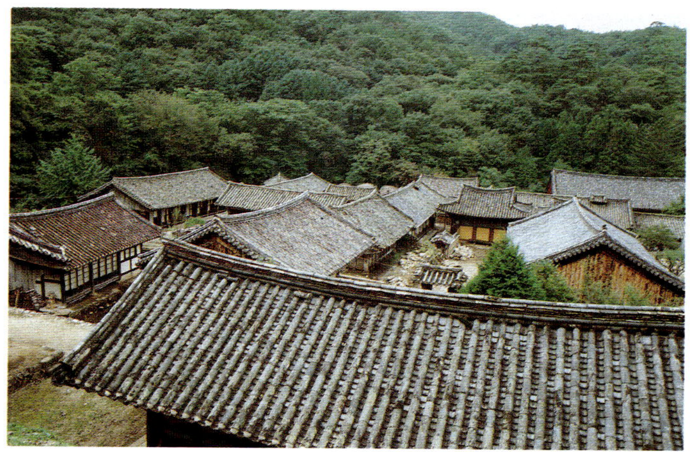

밀양 영남루 서까래 사래 끝에 기와나 토수 대신 도깨비 얼굴의 철와(鐵瓦)를 썼다. (왼쪽)

담양 향교 명륜당 맞배지붕이지만 약하게 처마의 앙곡이 있다. 거리가 날카롭게 뻗친 듯한 도깨비 망와는 두 눈만 불거졌다.(오른쪽 위)

송광사 전경 맞배지붕들이 줄을 이은 듯하고 팔작지붕도 있다. 푸른 숲에 감싸여서 포근하게 느껴진다.(오른쪽 아래)

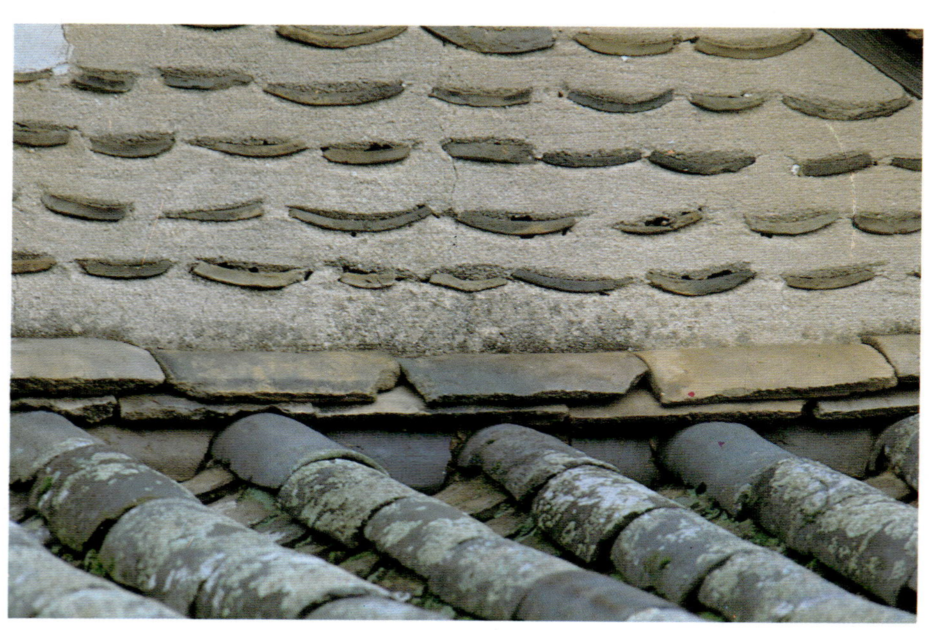

박공과 지붕의 이음새 팔작지붕의 박공면을 기왓조각으로 처리하였다. 고기 비늘인
듯이 보이기도 하고, 물결이 잔잔하게 이는 듯하기도 하다. 윤증 고택 사랑채

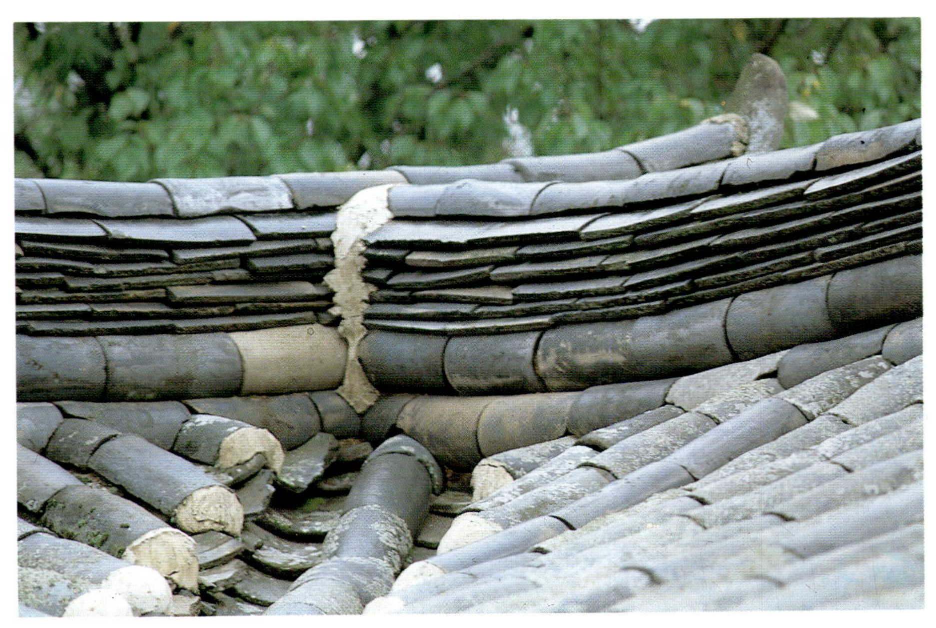

윤증 고택 안채 지붕 ㄱ자, ㄷ자집에서 직각으로 만나는 부분의 지붕에는 회첨골이 생긴다. 용마루와 용마루가 같은 높이에서 직각으로 만나는 부분은 처리가 어려운 곳인데 깨끗하게 마감한 솜씨가 돋보인다.

기와지붕의 곡선

지붕을 이어 나가는데 가장 중요한 것은 보기 좋은 곡면(曲面)과 곡선을 이루어 나가는 것이다.

50쪽 사진

지붕의 곡선은 한국 건축의 가장 독특한 기법이라고 할 수 있다. 서양식 건축의 기와잇기는 그 밑바탕이 만들어 놓은 대로 그 위에 올려 놓기만 하면 되는 것이지만 우리나라의 지붕은 그렇지 않다.

서까래 위에 적심을 깔고 다시 보토를 채우면서 곡(曲)을 이루어

52, 53쪽 사진

나간다. 모든 지붕의 지붕 면에는 직선이 하나도 없다고 하여도 지나치지 않을 만큼 곡선과 곡면으로 처리되고 있다. 이러한 곡선들이 가지고 있는 성격과 함께 우리나라만의 이 독특한 지붕이 갖는 의미를 생각해 보아야 한다.

하늘이나 뒷동산을 배경으로 가장 선명하게 나타나는 용마루의 곡선은 누구든지 아름답다고 생각한다.

실제로 이 곡선을 잡을 때에 사용되는 방법을 살펴보면, 우선 용마루의 양끝과 중간중간에 기준틀을 세우고 새끼줄을 두 줄로 하여 양쪽 끝에 고정시킨다. 다음에 그 두 줄 가운데 하나를 적당히 아래로 늘어뜨리면 자연스럽게 곡선이 나타나게 된다. 이 때 용마루

의 중심에서 두 새끼줄의 간격을 측정하면서 늘어뜨린 정도를 조정한다. 도편수는 용마루 중심부에서 나타나는 두 새끼줄의 간격을 결정해 주는 역할을 한다. 곧 도편수의 안목에 따라 곡률(曲率)의 세기가 정해지는데, 이 간격을 결정하는 단위가 대기 장혀의 높이와 비례한다. 장혀는 도리의 아래에서 도리를 받치는 부재(部材)로서 장방형의 단면을 가지고 있다.

하나의 건축물을 세우면서 가장 기본이 되는 단위를 이 장혀의 폭으로 설정하는 것이 보통이다. 장혀의 폭이 결정되면 비례에 따라 높이가 결정되고 장혀의 높이 또한 다른 부재의 크기를 결정하는 데 기본적인 치수가 되기도 하며 용마루의 곡률을 결정하는 데에도 사용이 된다. 따라서 장혀의 높이를 기준으로 하여 2배 또는 3배 아니면 2.5배 식으로 새끼줄의 간격을 결정해 준다. 이렇게 하여 아래로 늘어뜨려진 새끼줄의 곡률이 결정되면 중간중간에 세운 기준틀에 그 위치를 표시하고 그에 맞추어서 마루기와를 쌓아 올리게 된다.

여기에서 관심을 가져야 할 점은 바로 곡률의 결정 방법이다. 새끼줄을 늘어뜨린다는 것은 사람이 잡고 있는 힘과 자연의 힘 곧 지구의 중력에 의하여 결정되는 선을 얻어내고 있다는 것이다.

자연과 인간이 합작한 곡선이 오로지 우리나라에서만 건축에 응용되고 있었다는 사실이 퍽 흥미롭다. 결국 그러한 곡선은 자연과의 조화에서 뛰어난 역할을 한다. 많은 사람들이 우리나라의 건축을 이야기할 때 자연과의 관계를 말하고 있지만 이러한 곡선의 생성 과정에서 나타나는 합리적인 측면을 염두에 두고 바라본다면 주위와 조화를 이루고 있는 지극히 자연스러운 장면들이 쉽게 이해되리라고 생각한다.

용마루에 나타나는 곡선은 용마루에만 한정된 것이 아니다. 내림마루나 추녀마루 그리고 지붕 면까지도 응용되고 있으며 처마의

57, 59쪽 사진

54, 55쪽 사진   앙곡이나 안허리곡도 이러한 자연스러운 곡선들로 이루어지고 있음을 볼 수 있다.

기와지붕을 이루고 있는 모든 선들이 새끼줄을 이용한 곡선으로 56, 58쪽 사진 조화를 이룸으로써 보는 사람의 눈을 편안하게 해줌은 물론 주위의 산세와도 잘 어울리고 있음을 보게 된다.

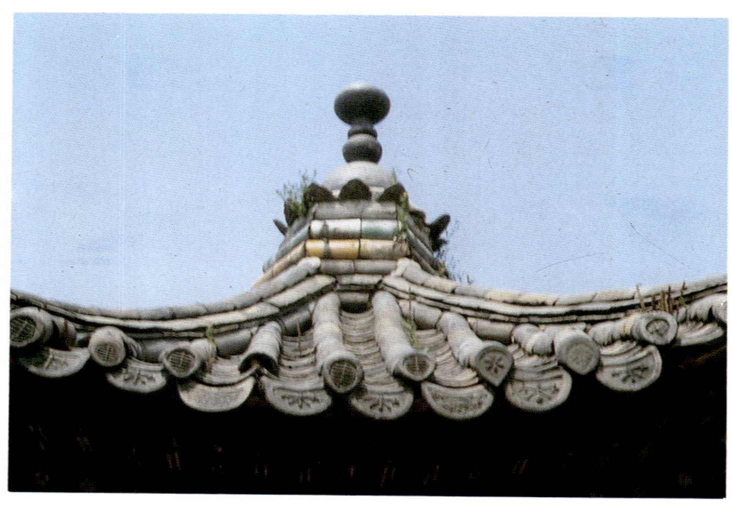

50 기와지붕의 곡선

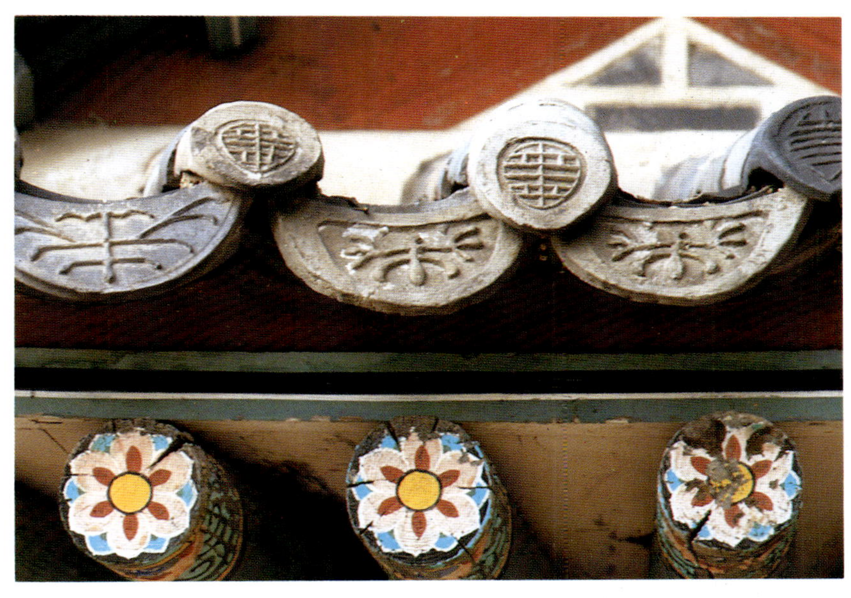

승화루 육각정 절병통 육각형의 지붕 꼭대기에 절병통이 올려졌다. 모임지붕에서는
이러한 절병통이 필수적이다. 처마의 곡선이나, 추녀마루의 곡선이 서로 어울리면서
도 부드럽다. (왼쪽)

암막새와 수막새의 구조 조선시대 능원(陵園)에서 이와 같은 무늬의 막새들이 많이
사용되었다. 수(壽)자를 도형화한 수막새나 불로초를 표현한 암막새 모두 소박하다.
동구릉 현릉 비각 (오른쪽)

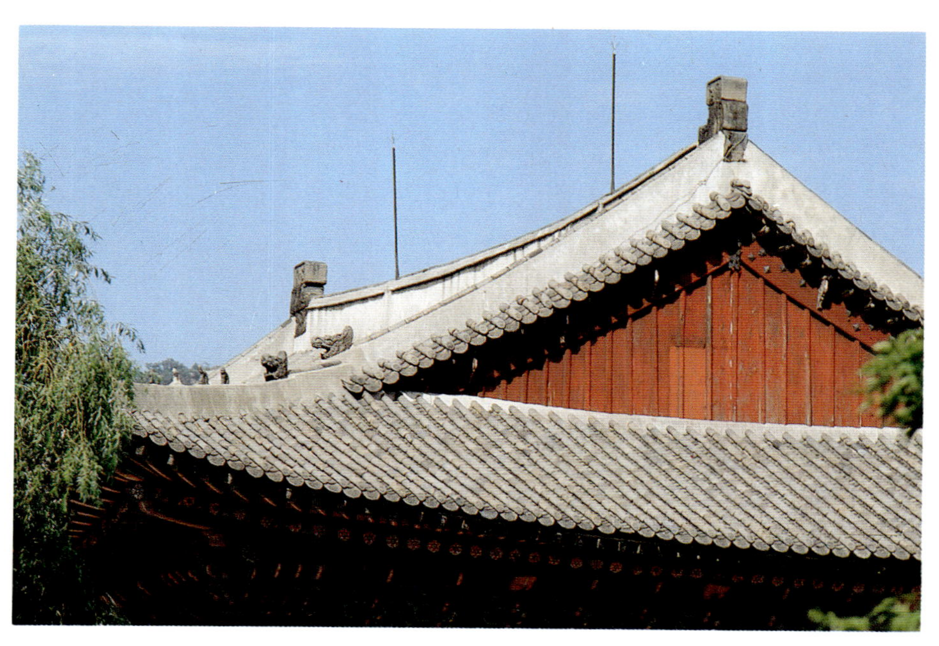

경복궁 근정전 지붕　건물이 크므로 대와(大瓦)를 썼다. 거대한 취두와 용두, 잡상 등으로 장식한 팔작지붕이다. 사래 끝에는 이무기 모양의 토수를 끼웠다. 처마 밑에 씌운 철망을 부시(罘罳)라고 한다.(왼쪽, 오른쪽)

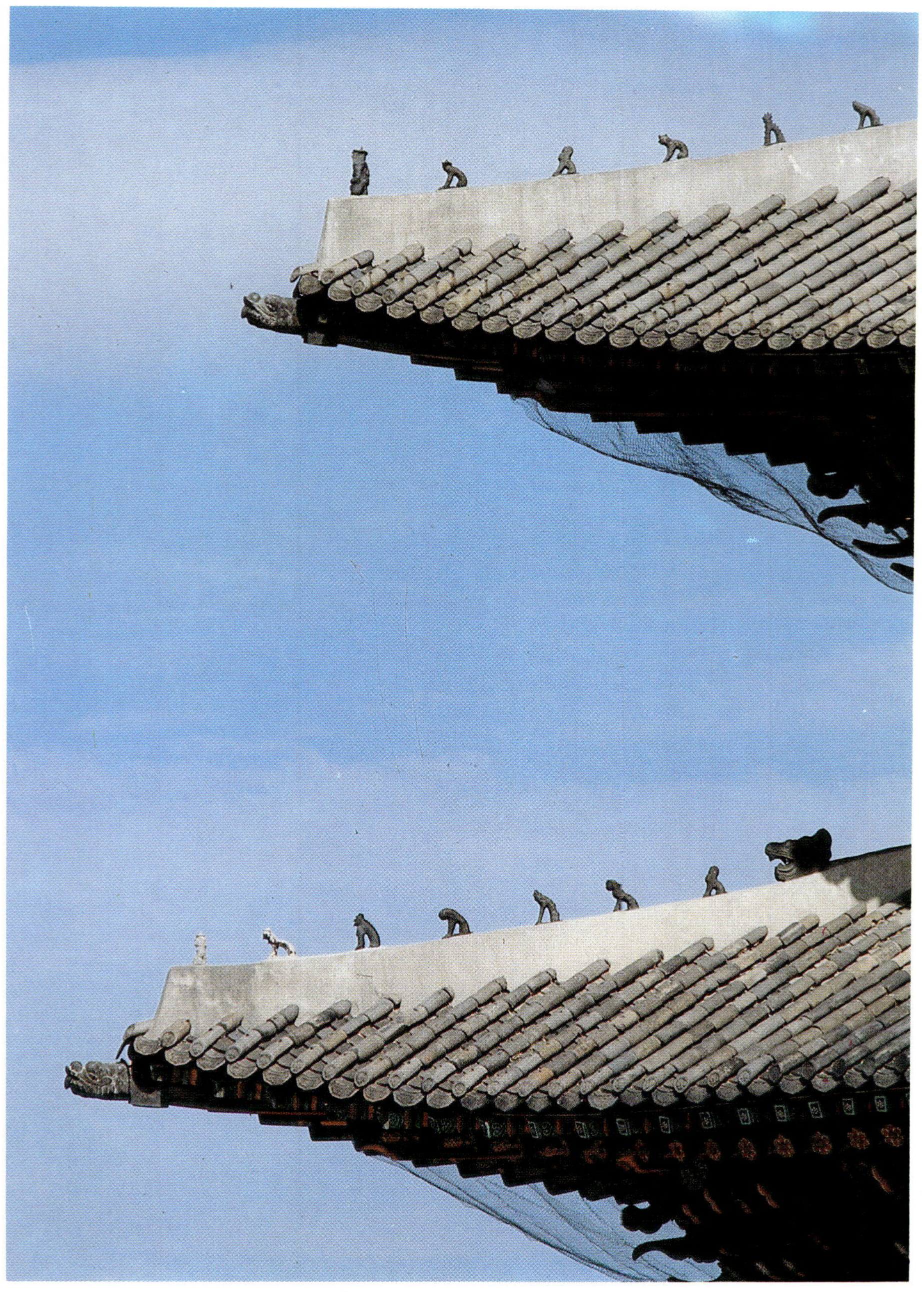

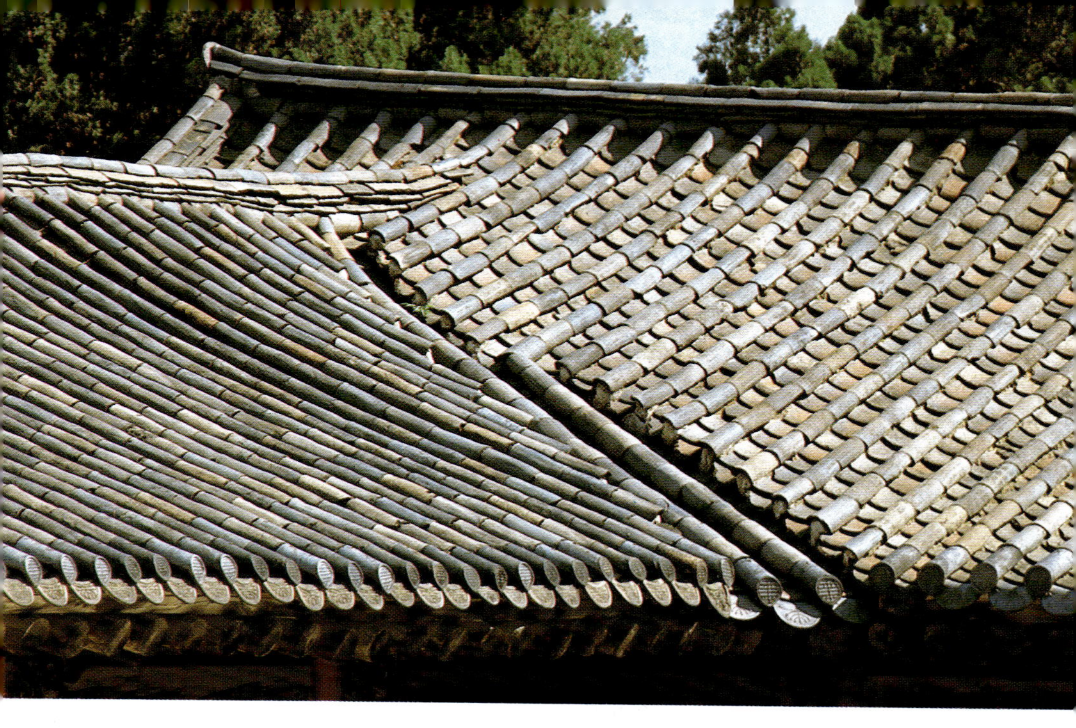

근정전 회랑 지붕 회첨골의 구성이 재미있다. 기왓골이 긴 쪽을 감안하여 회첨골을
여러 개 만들었다. 빗물을 분산시키는 효과가 있다.

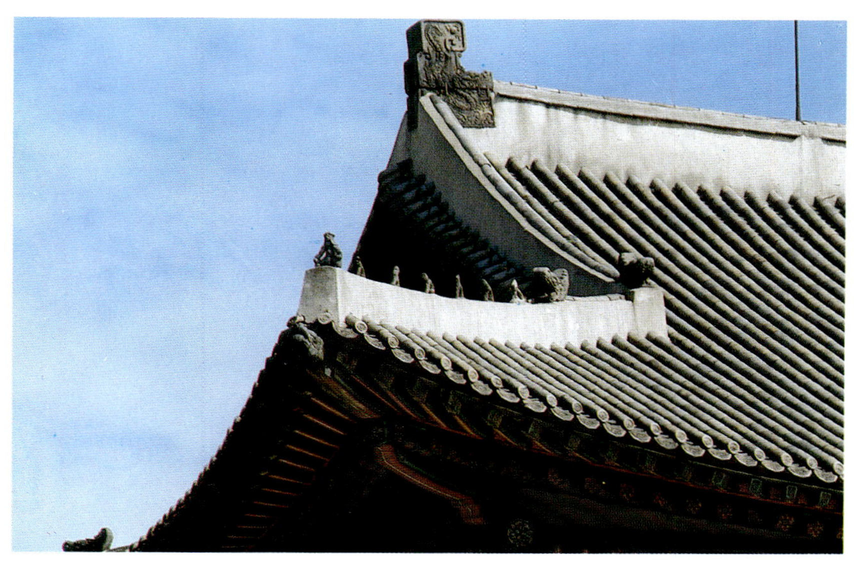

경복궁 근정전 처마의 앙곡 안허리골, 내림마루, 추너마루 그리고 용마루의 곡선이 조화를 이루고 있다.

논산 윤증 고택 사랑채　사랑채가 ㄴ자형이어서 누마루가 있는 옆부분에 이어진 용마루는 약간 낮게 접합되었다. 박공면을 소박하면서도 맵시 있게 꾸몄다.

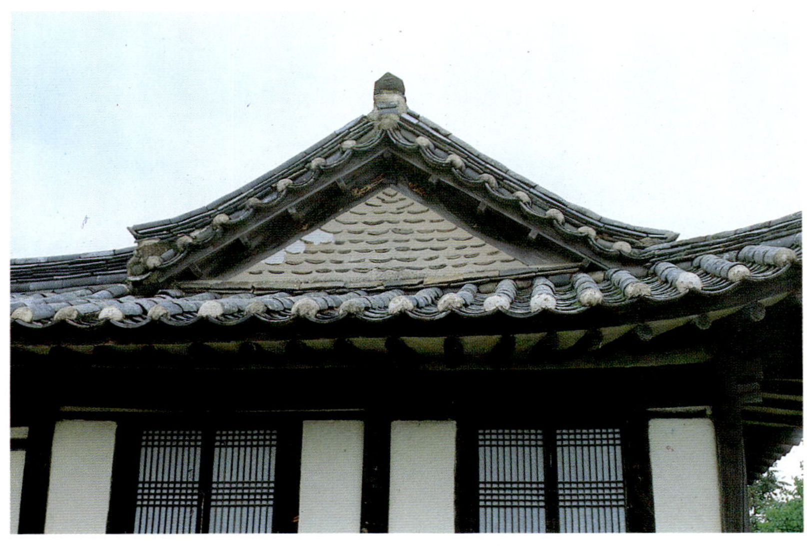

56 기와지붕의 곡선

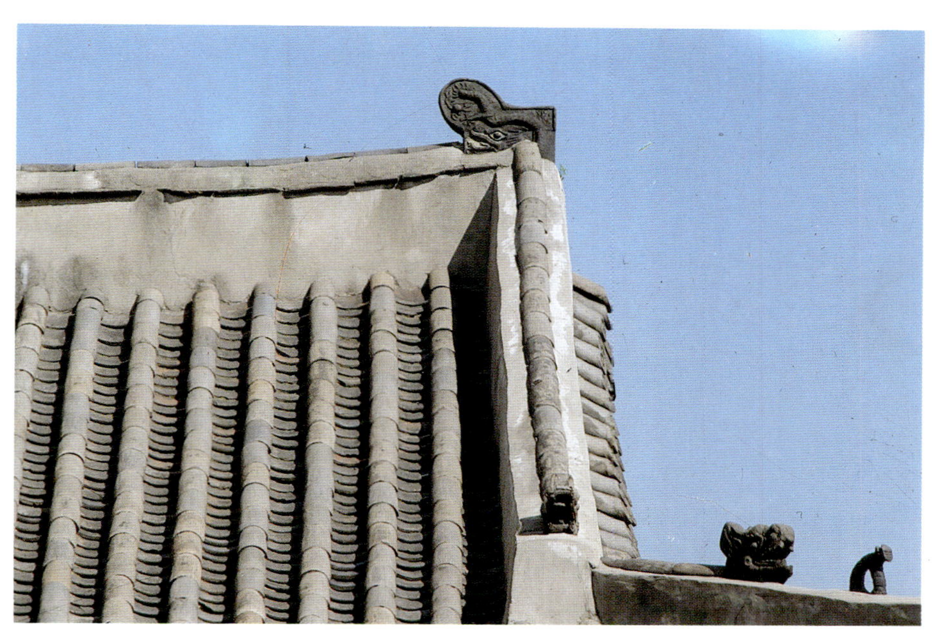

경복궁 사정전 용마루　취두의 벼슬 부분을 동그랗게 하였다. 사정전은 임금의 편전으로 완벽하게 격식을 갖추었지만, 근정전이나 경회루와 같은 큰 건물과는 다른 형식을 보여 준다.

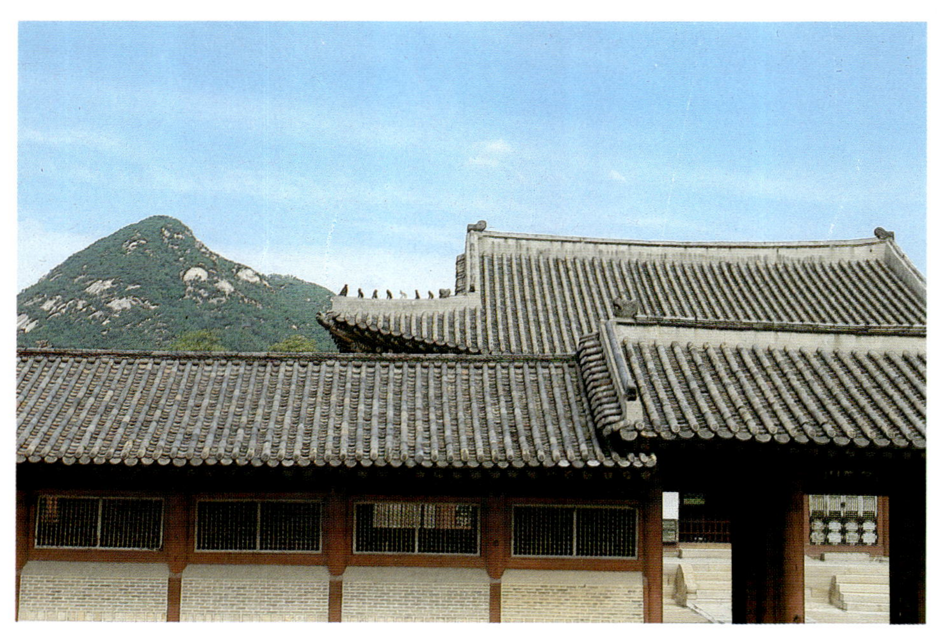

경복궁 사정전　근정전의 뒤쪽에 사정문과 사정전이 있다. 뒤로 보이는 북악산을 배경으로 산과 지붕이 서로 연이은 듯이 보인다.

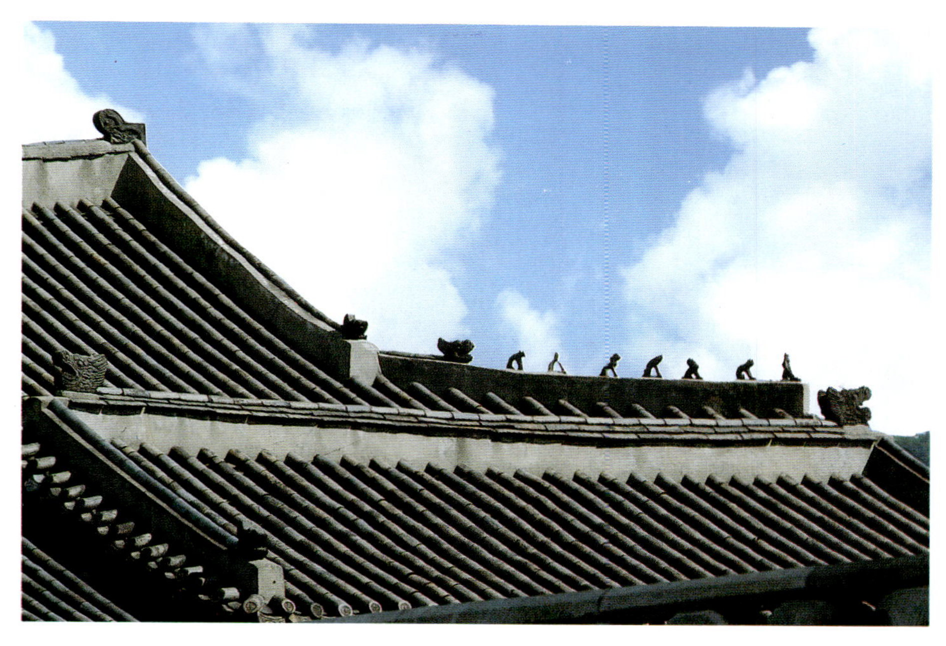

경복궁 사정문과 사정전의 지붕 사정문 용마루에는 용두를 올렸다. 규모가 작거나 격식이 낮은 건축물에서 볼 수 있으나 많지는 않다:

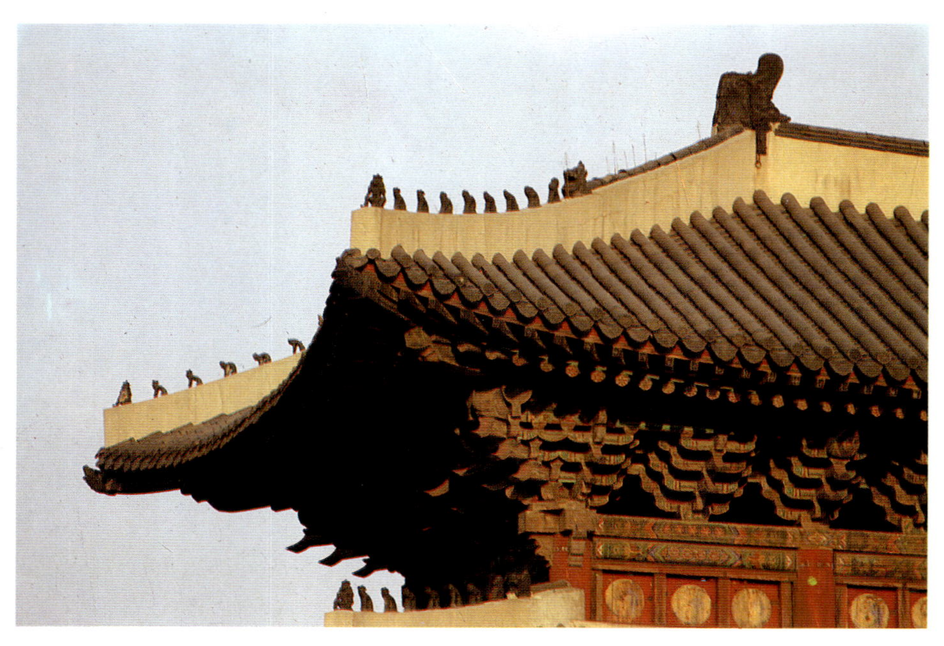

서울 남대문의 지붕 도성의 정문인 남대문은 중층으로 우람하게 세웠다. 이러한 지붕을 우진각이라 하는데 용마루에서 바로 추녀마루가 내려간다. 거대한 취두와 용두, 잡상 등이 잘 갖춰져 있다.

기와의 종류

　지붕에 비가 새지 않도록 하기 위해서는 여러 종류의 기와가 사용되어야 한다. 단순히 암키와와 수키와만으로는 해결되지 않는 부분이 있어, 그에 맞게 적당한 모양의 기와를 만들어 써야 하는 것이다. 이런 기와를 망새기와라고 하는데, 이것은 지붕의 모양새를 한결 보기 좋게 마감하기 위해서도 필요하다.

　집의 규모가 크면 거기에 맞추어 장식 기와도 큰 것을 써야 하고, 작은 정자나 작은 집에는 조그마한 것을 올려야 어울린다. 따라서 기와에는 여러 가지 규격과 두께의 차이가 생기게 되는 것이다.

　용마루를 장식하는 취두(鷲頭)나 용두(龍頭), 내림마루나 추녀마루를 장식하는 잡상(雜像)이나 용두 같은 것들도 넓은 개념에서는 기와로 취급한다.

　기와는 크게 평기와, 막새기와, 망새기와로 나누며 평기와에는 수키와와 암키와가 있고 막새기와에는 수막새와 암막새, 초가리기와가 있다. 또한 망새기와에는 용마루용이나 내림마루용 장식 기와가 있다.

기와의 종류

명칭	종류	용도
평기와	수키와	미구기와, 토수기와
	암키와	
막새기와	수막새(원형, 타원형)	
	암막새(◡형, ▽형)	
	초가리기와	서까래용, 부연용, 추녀·사래용
망새기와	치미, 용두, 취두	용마루용
	망와, 용두, 잡상	내림마루용(추녀마루)

평기와

이 기와는 암수의 두 가지로 나뉜다. 암키와는 평평하고 넓적해서 지붕의 바닥을 덮는 역할을 하고 수키와는 둥글고 길쭉해서 암키와와 암키와가 만나는 세로줄을 감싸서 덮음으로써 완벽한 지붕이 되도록 한다. 암키와는 바닥기와라고도 부르고 한자 표기로는 여와(女瓦)라 한다. 수키와는 부와(夫瓦)라 해서 남자와 여자가 아닌 하나의 부부와 같은 뜻으로 해석하는 것이 좋다고 본다.

막새기와

막새는 끝을 막아 준다는 뜻으로 무늬판이 암키와의 끝에 달리면 암막새, 수키와의 끝에 달리면 수막새가 된다. 암막새나 수막새는 대부분 처마 끝에 설치하여서 지붕의 끝을 깨끗하게 마감하여 줄 뿐만 아니라 서까래나 부연 끝을 감싸 줌으로써 비가 들이치는 것을 막아 주는 역할도 한다.

67, 80쪽 사진

망새기와

이것은 대부분 지붕마루의 끝을 장식하는 것으로 모양에 따라 여러 가지 이름으로 부르고 있으며 기와를 굽듯이 흙을 빚어서 만들어 내고 있다. 취두는 독수리의 머리 모습을, 용두는 용머리를 형상화한 것인데 삼국시대나 통일신라시대 또는 고려시대까지 흔하게 사용되었던 망새로서 지붕의 용마루 끝을 장식하는 주요한 것이다.

잡상　맞배집일 때 내림마루의 끝에, 우진각이나 팔작집일 때는 추녀마루의 끝에 여러 마리를 한 줄로 늘어 앉히는데 3마리에서부터 11마리에 이르기까지 다양하다. 잡상의 숫자는 3,5,7 등의 홀수를 사용하며, 집의 규모에 따라 달라지는데 경회루같이 큰 집에서는 11마리가 올라앉아 있다. 이들은 여러 가지 기이한 동물의 모습들인데 「상와도(像瓦圖)」라는 책에 그 이름이 밝혀져 있다. 내림마루나 귀마루의 끝으로부터 위로 올라가면서 이름을 붙여보면, 첫째가 대당사부(大唐師父), 둘째가 손행자(孫行者), 셋째가 저팔계(猪八戒), 넷째가 사화상(獅畵像), 다섯째는 이귀박(二鬼朴), 여섯째는 이구룡(二口龍), 일곱째는 마화상(馬畵像), 여덟째는 천산갑(穿山甲), 아홉째는 삼살보살(三殺菩薩), 열째는 나토두(羅土頭)로 모두 10마리이다.

망와(望瓦)　암키와와 비슷한 모양인데 용마루나 추녀마루 등의 각 마루 끝에 설치하는 것이다. 암막새를 거꾸로 놓으면 될 그런 모습이어서 더러 잘생긴 암막새가 망와로 이용되기도 한다. 망와는 암막새와는 약간 다른데, 무늬나 글자를 새겨넣는 무늬판의 크기가 넓게 만들어진다. 그만큼 장식적이기도 하지만 망와의 위쪽에 덧쌓여지는 암마룻장 기와나 수마룻장 기와의 끝을 마감하는 역할도 하기 때문이다. 또한 암막새의 무늬판이 이루는 각도나 망와의 무늬판이 이루는 각도는 망와 쪽의 각도가 더 직각에 가깝도록 만든다.

72, 73, 74쪽 사진

70쪽 사진

68, 69쪽 사진

76, 77, 78, 79쪽 사진

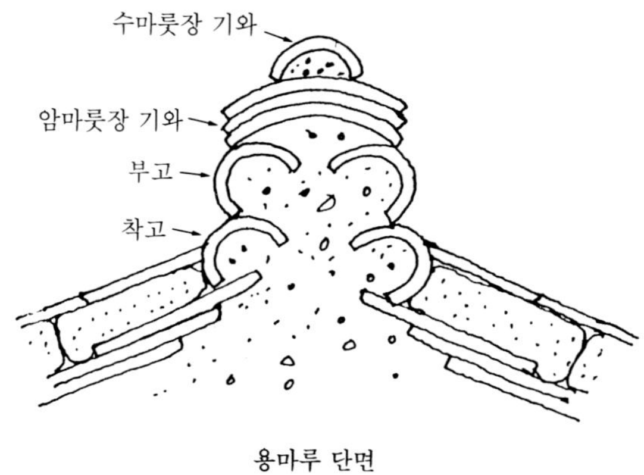

용마루 단면

마루기와 쌓기에 쓰이는 것으로 착고, 부고, 암마룻장, 숫마룻장 등이 있다.

착고맥이는 수키와와 수키와 사이의 골에 맞추어 마루기와 쌓기의 맨 아래 양쪽에 놓이는 것으로 보통은 수키와의 양끝단을 와도(瓦刀)로 다듬어서 그림과 같은 모습으로 만들어 기왓골의 맨 꼭대기에 끼워 넣는다. 부고는 착고의 바로 위에 놓는 것으로 수키와를 옆으로 세워 놓는다. 양쪽으로 놓이는 착고, 부고의 간격은 그림에서 보듯이 약 33센티미터 내지 36센티미터가 된다.

암키와는 두께 때문에 안쪽과 바깥쪽의 곡률이 조금 다르다. 따라서 겹쳐 놓을 때 약간의 틈이 생기게 되므로 그 사이에 강회를 섞은 흙을 얇게 깔아 줌으로써 서로 접착이 잘 되어 움직이지 않도록 한다. 암마룻장 기와 위에 마지막으로 수마룻장 기와가 올라가는데 수키와의 등이 하늘을 보도록 엎어 놓으면 된다. 이 때도 수키와 속에 홍두깨흙을 넣듯이 강회가 섞인 흙을 채워 넣어 암마룻장과 잘 접착이 되어서 바람에 날리지 않도록 한다.

기와의 크기는 집의 규모에 의하여 결정되는 것이지만 대개 4가

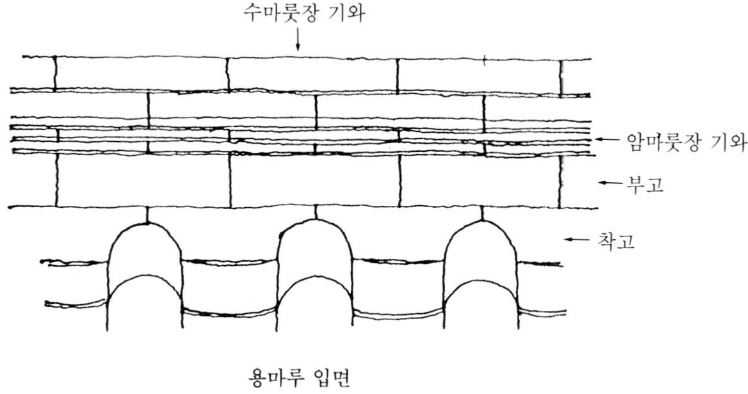

용마루 입면

지 정도로 구분된다. 소와, 중와, 대와, 특대와로 부르는데 유난히 작게 만든 것도 있다. 대체적인 크기는 표에서 보는 것과 같으나 같은 규격이라도 두께가 약간 더 두꺼운 것도 있다.

웬만한 규모의 집에서는 중와가 사용되는데 서까래의 간격과 수키왓골의 간격을 비슷하게 하기 때문에 암키와의 폭이 1자 정도 면 수키왓골도 자연히 1자가 되며 서까래 간격도 1자 정도 된다. 중와에서 암키와 폭을 1자로 하는 이유가 여기에 있다.

경복궁의 근정전 정도의 규모가 되면 중와로는 해결이 안 되고 특대와를 사용한다. 특대와의 경우 암키와의 폭은 1자 3치 정도 되며 건물이 크기 때문에 서까래도 굵어진다. 보통 서까래의 간격이 1자이면 서까래의 직경은 5치 정도가 보통이다. 결국 서까래 간격의 반쯤을 굵기로 정하는 것이 된다. 근정전의 서까래는 7치 정도이 다. 그렇다고 서까래의 간격이 1자 4치로 정확하게 넓어지는 것은 아니지만, 1자 2치 이상으로 넓어지는 것은 당연하며 기왓골과 서까 래 간격 역시 비슷하게 맞아 떨어지는 것을 볼 수 있다.

집의 규모는 서까래의 굵기와 관계가 있으며 서까래의 굵기는

70, 71쪽 사진

기와의 규격(최근 사용 예)

종별		암키와			두께		수키와			두께
		앞넓이	뒤넓이	길이	중앙부	단부	앞넓이	뒤넓이	길이	
소와		270	280	330	21	18	140	130	270	18
중와	A	300	310	330	25	21	155	145	300	21
	B	300	310	360	25	21	155	145	300	21
대와		330	340	390	30	25	170	160	330	25

서까래의 간격과, 또한 서까래의 간격은 기왓골의 간격과 자연스럽게 연결된다. 또한 이 기왓골의 간격은 암키와의 폭을 결정해 주며 그에 따라 수키와의 폭도 정해진다. 그런데 수키와의 폭은 암키와 폭의 반으로 하는 것이 일반적이므로 수키와의 폭과 서까래의 지름 사이에도 비슷한 관계가 이루어진다고 볼 수 있다. 이러한 것들은 기와의 크기가 집의 크기에 비례해야만 보기에도 좋기 때문에 자연스럽게 발생된 상관 관계이다. 기와의 두께는 크기에 비례하며, 따라서 기와가 클수록 두께가 두꺼워진다.

고창 선운사 막새　현재 절에서 따로 보관하고 있는 수막새이다. 도식화된 꽃과 도드라
　진 무늬가 원형의 무늬판에 찍혀 있다.

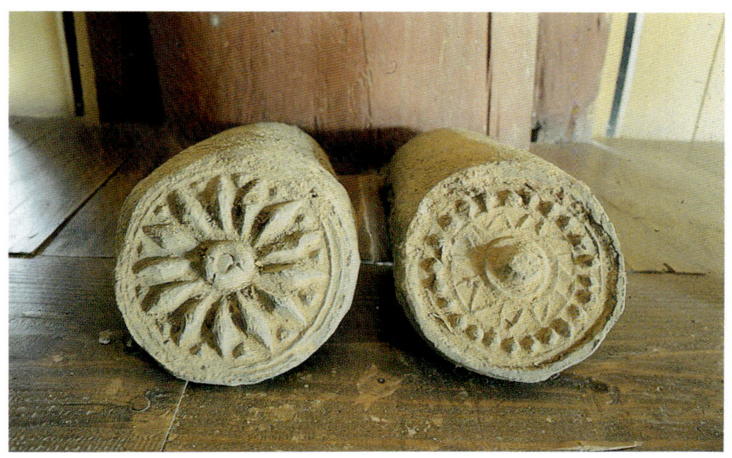

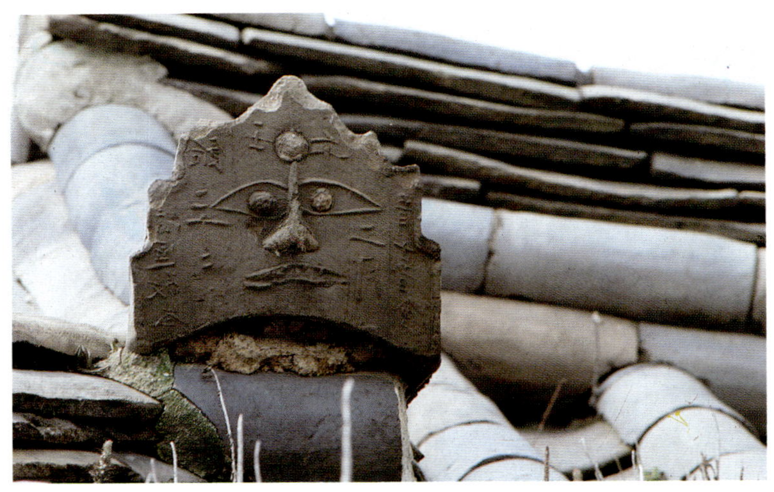

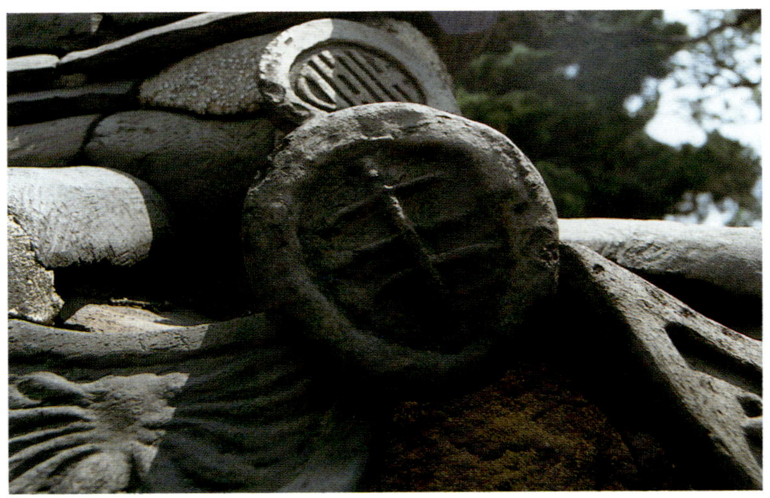

도깨비 망와 눈, 코, 입 등을 분명하게 표현하였다. 이러한 도깨비가 지붕에 있으면서
잡귀들의 침입을 막아 준다고 믿었다.(왼쪽 위, 오른쪽)
막새 막새의 무늬들은 어떤 형식에 매이지 않은 아주 자유로운 제작 의도가 있었다.
기왓가마에 따라 천차만별이다.(왼쪽 아래)

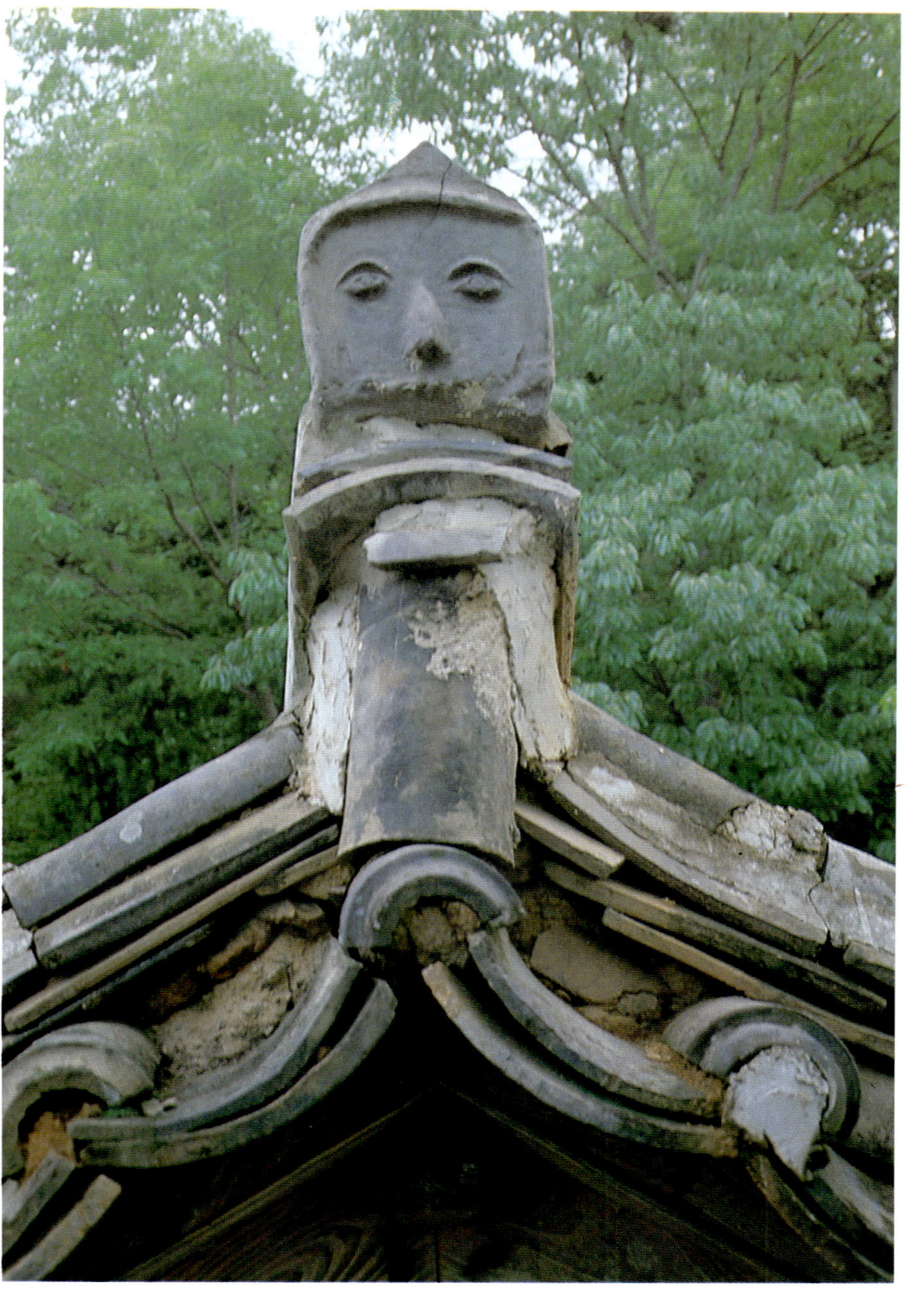

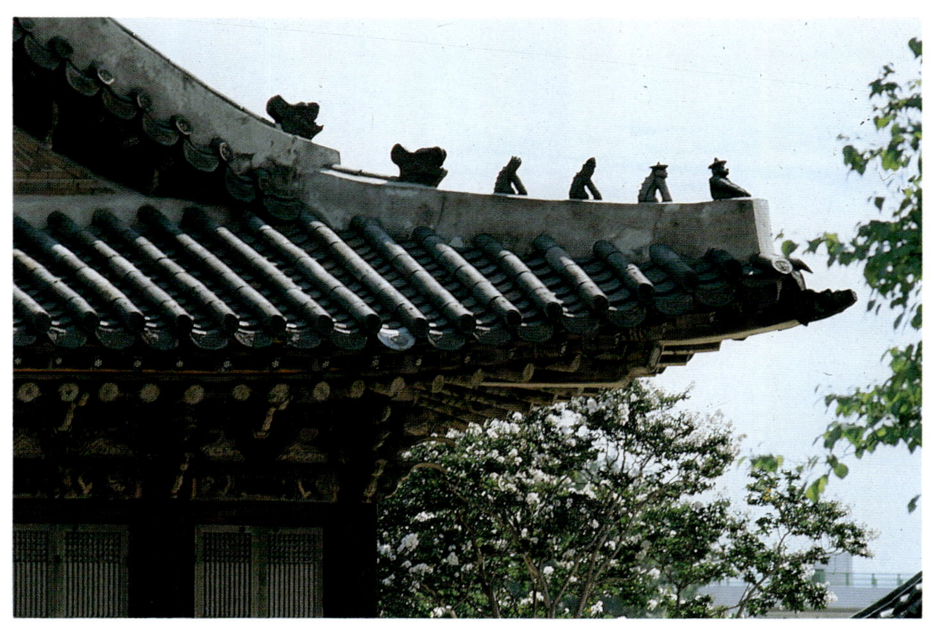

덕수궁 덕홍전의 잡상(왼쪽)
덕수궁 중화전 지붕　지붕은 빗물을 처리하는 것이 우선의 기능이다. 수키와는 한 장씩 맞대어 올라가지만 암키와는 비늘처럼 겹쳐서 잇는 것도 그러한 목적에서이다.(오른쪽)

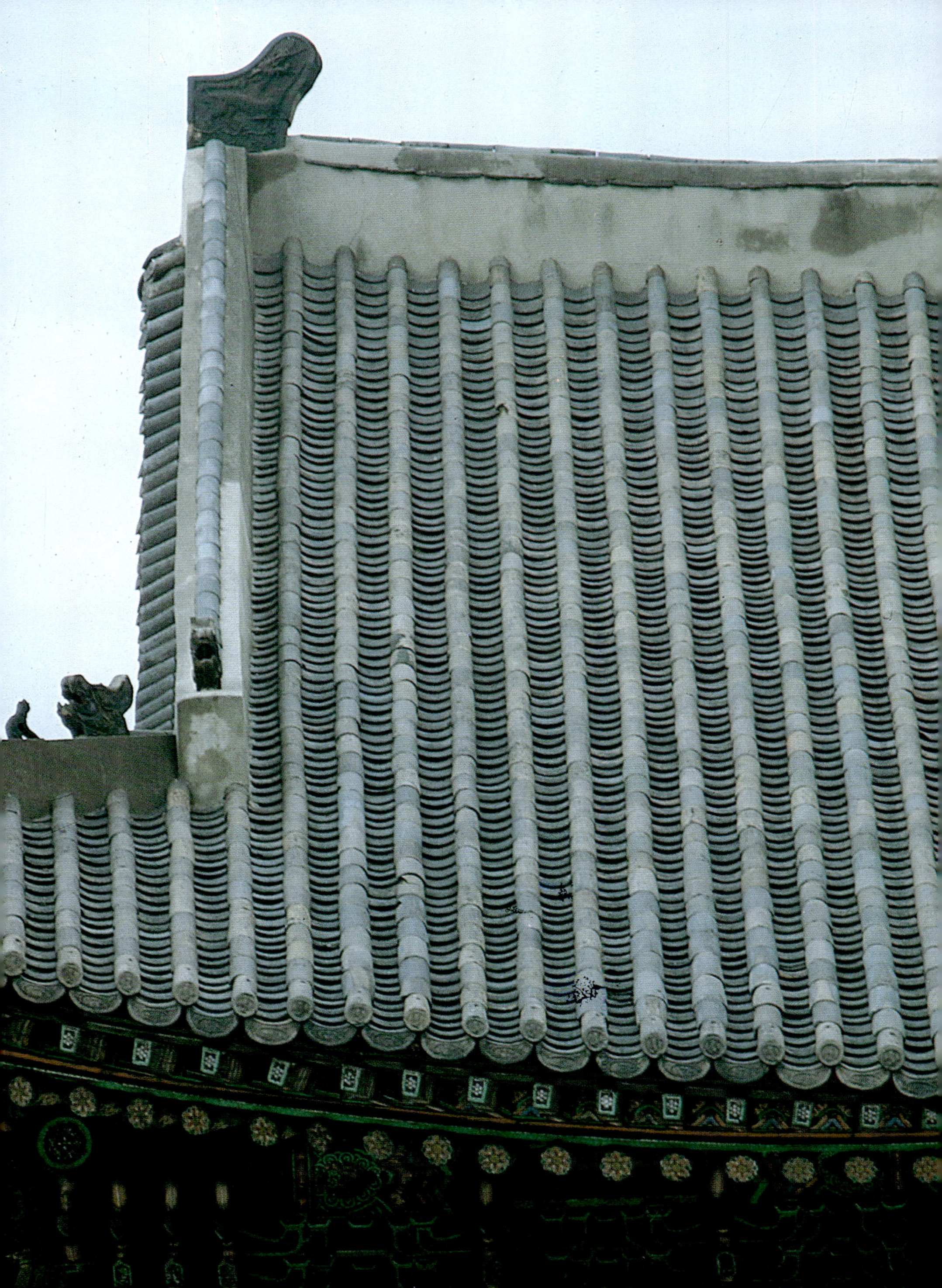

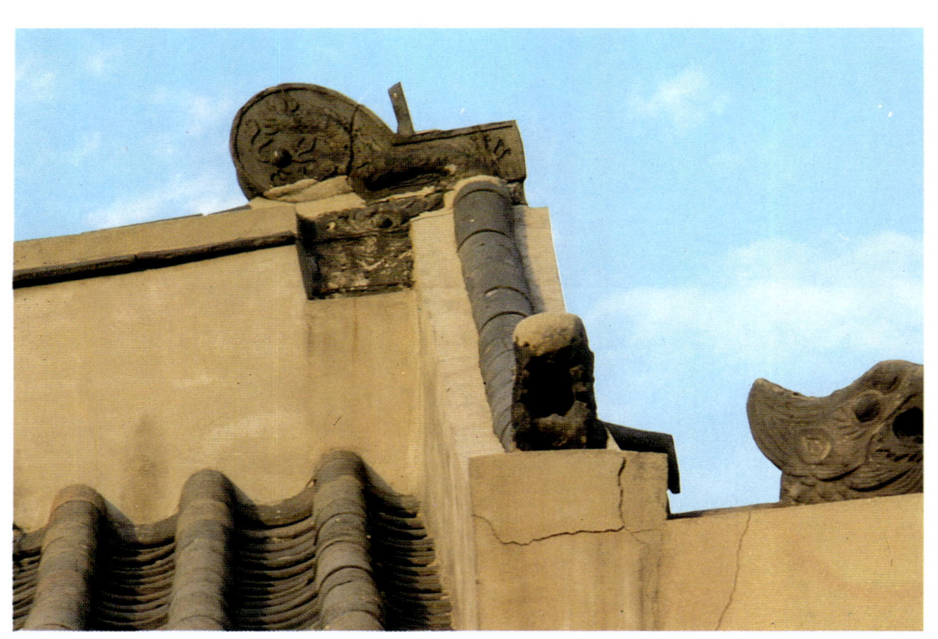

덕수궁 덕홍전의 취두 취두는 두 토막이나 세 토막으로 만들기 때문에 연결에 주의가
필요하다. 위쪽에 불쑥 나온 것은 연결용 못으로, 아래쪽까지 깊이 박는다.

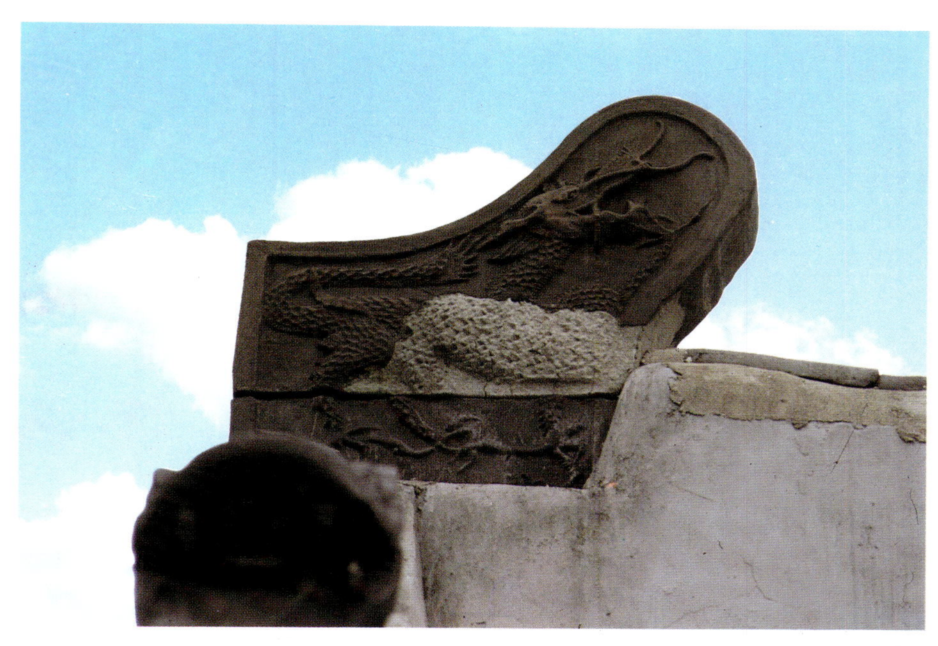

취두의 무늬　취두의 옆면에 별도의 무늬가 베풀어지기도 하는데 대부분 용을 그린
다. 덕수궁 덕홍전의 지붕에 있는 취두이다.

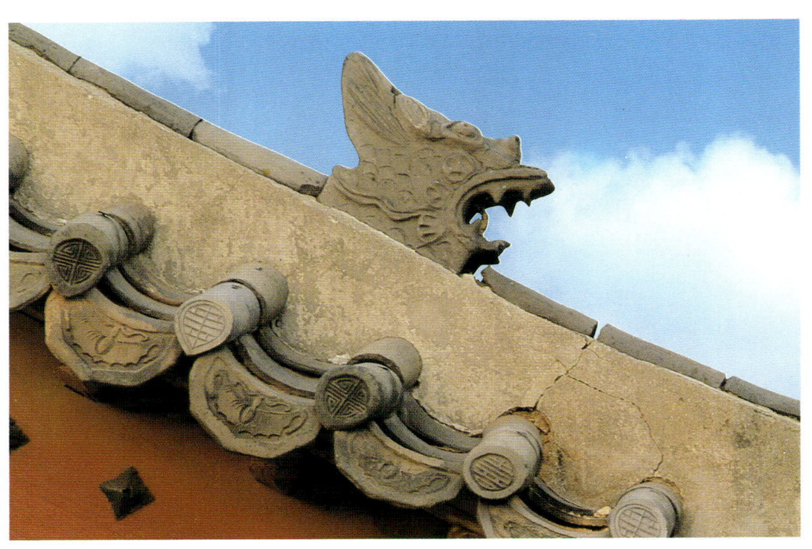

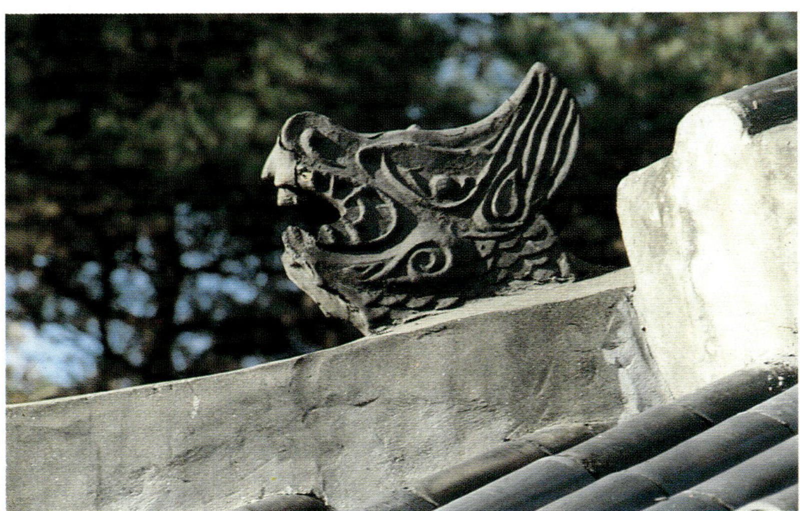

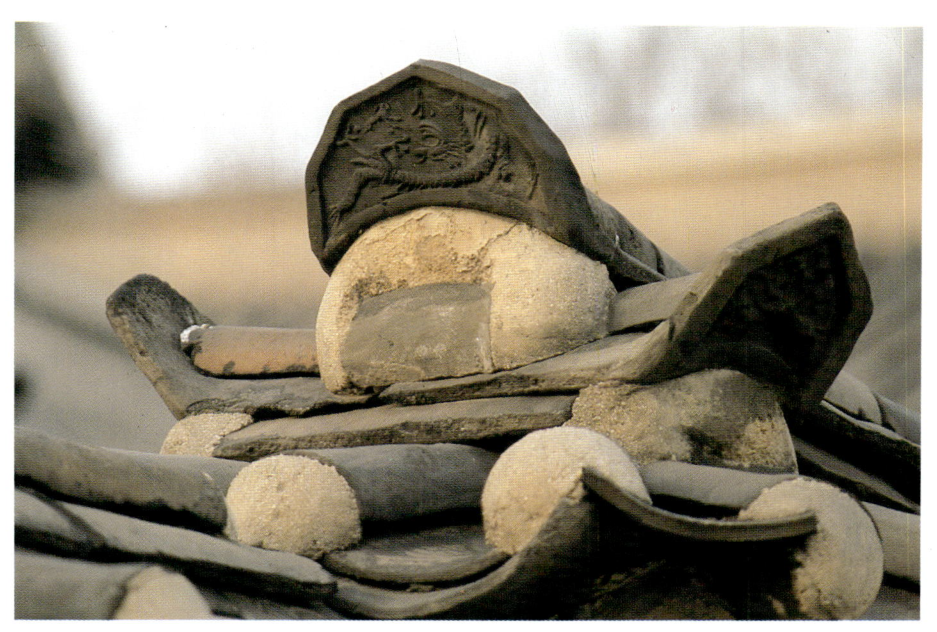

내림마루의 용두 용두는 입을 벌리고 있는 모습이 대부분이다. 지붕의 용두는 화재를 막아 준다는 믿음과, 용이 갖는 위엄을 나타내 보이려는 것이다.(왼쪽 위, 아래)
종묘 정전의 담장 지붕 담장이 길어서 층단(層段)을 이루는 부분에서 재치 있게 마감한 모습이다.(오른쪽)

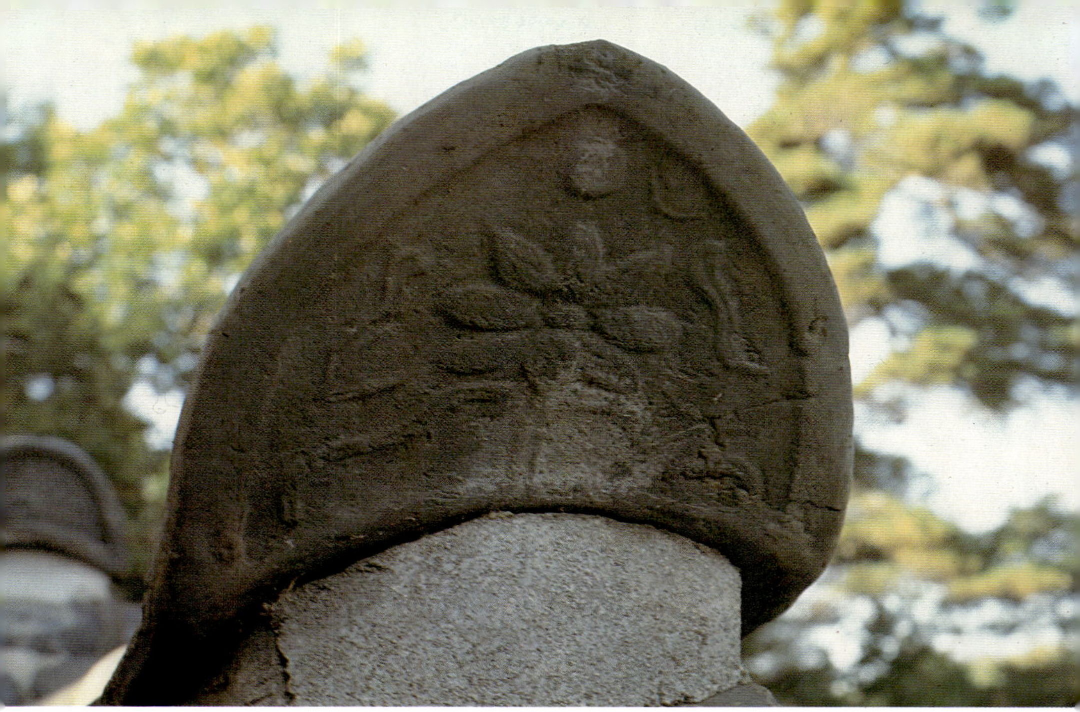

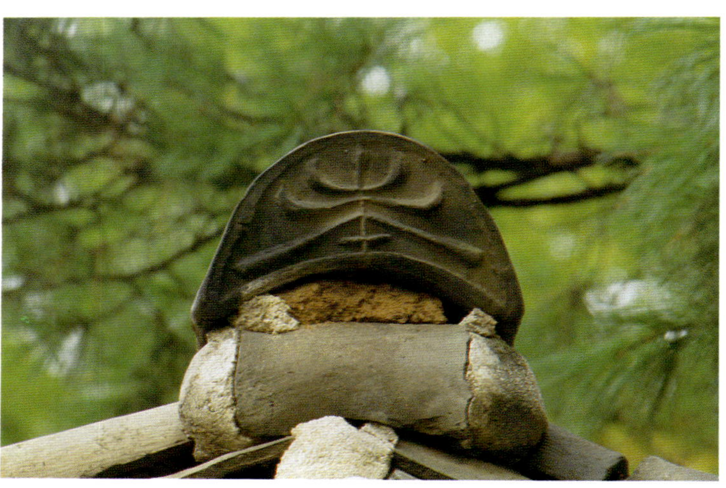

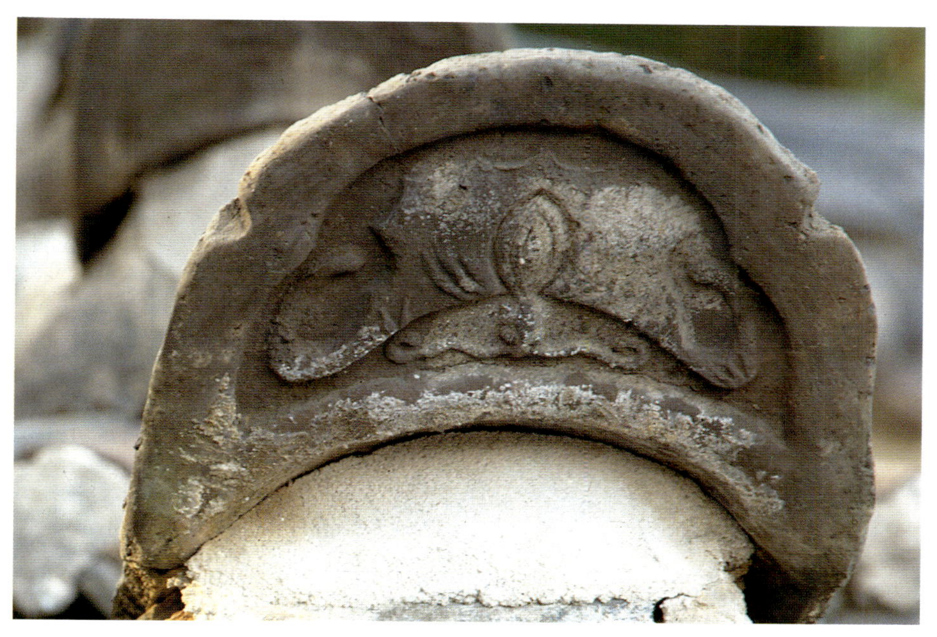

곡담의 망와 꽃무늬를 중심으로 해와 달이 표현되었고 동물의 형태도 보인다. 동구릉 현릉 봉분 주위의 곡담이다.(왼쪽 위)

망와 동구릉 재실의 망와로서 이러한 무늬가 많지는 않으나 불로초 무늬가 변형된 느낌이다.(왼쪽 아래)

동구릉 현릉 곡담의 망와로서 암막새를 망와로 쓴 것인데, 박쥐무늬이다. 박쥐는 복을 뜻한다.(오른쪽)

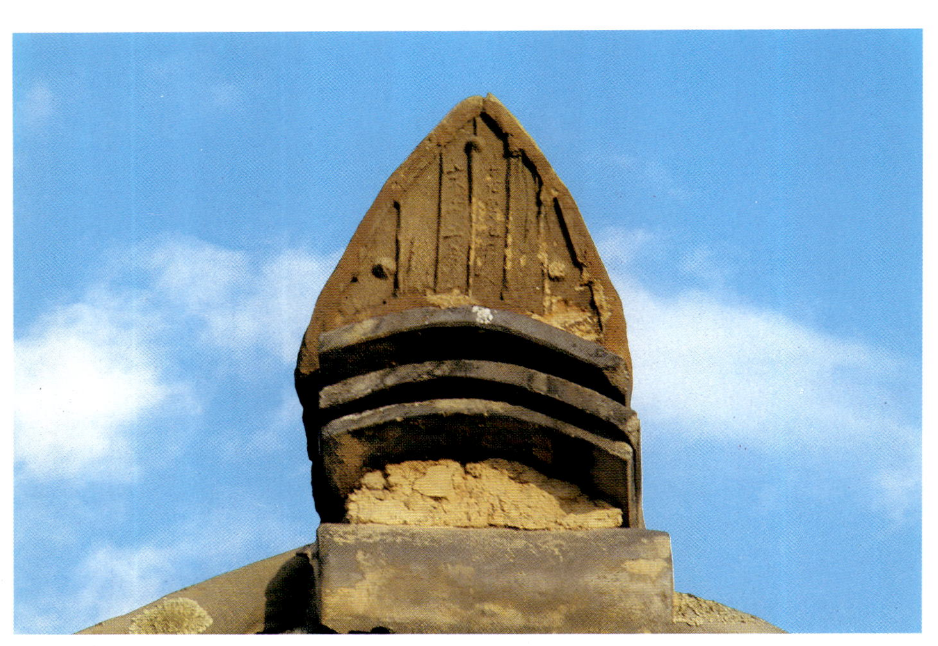

경주 교동 최식 씨 댁 망와　세모형의 망와에 세로 줄을 긋고 중심에 글씨를 썼다. 도깨비 눈이 퇴화하여 아래쪽으로 내려왔다.

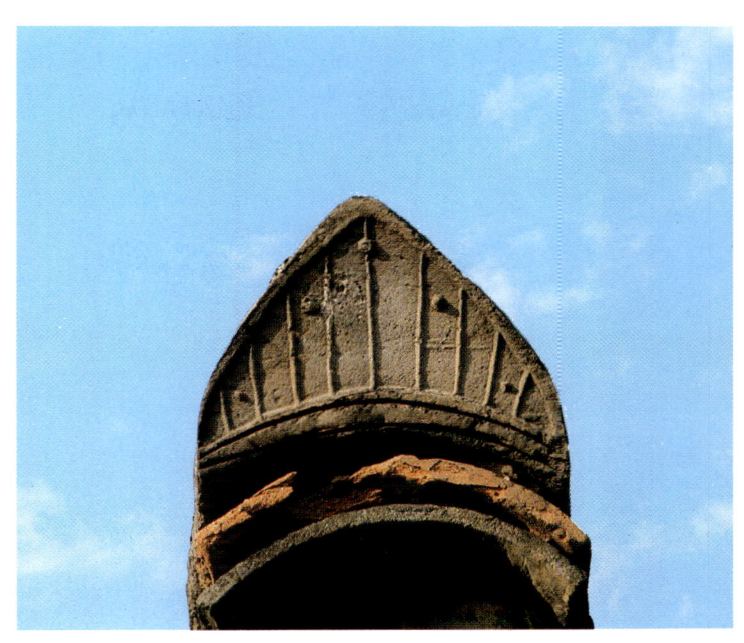

망와 세모꼴인데 높이가 낮다. 세로 줄만 긋고 돌기된 점만을 가장자리에 찍어 놓듯이 하였다. 왼쪽의 망와와 상대되는 위치에 있다. 경주 교동 최식 씨 댁

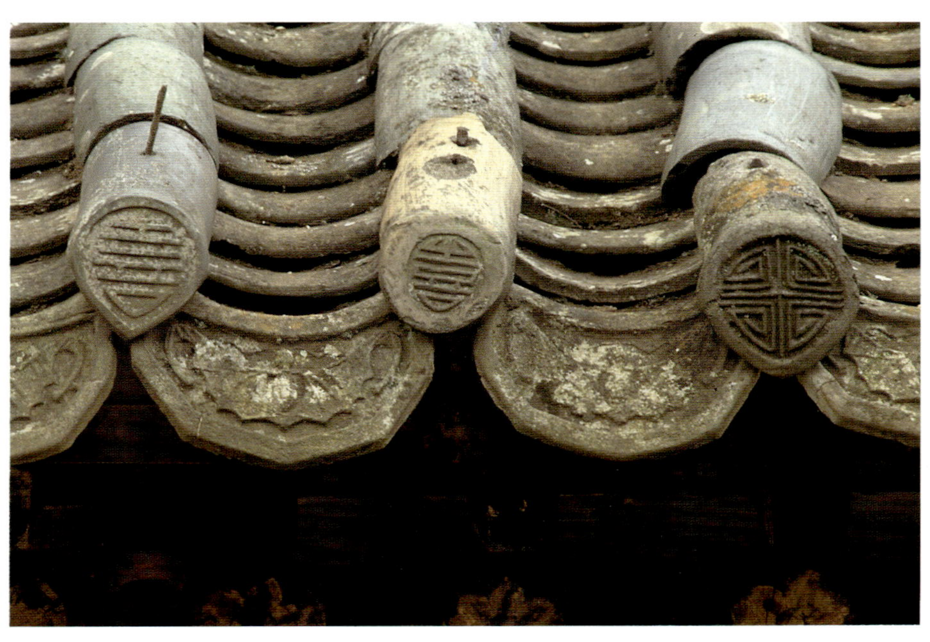

동구릉 유릉 정자각 지붕　암막새와 수막새의 무늬가 수(壽), 복(福), 희(喜)자 등으로
되었다. 수막새의 뒤뿌리에 와정을 박았다.

토수 동구릉 건원릉 비각의 추녀 끝에 박힌 토수의 모습이다. 하늘을 향해 뻗친 추녀
의 끝이 빗물에 상하기 쉬운 약점을 보완하면서 모양도 냈다. 잘생긴 잉어의 모습이
다.

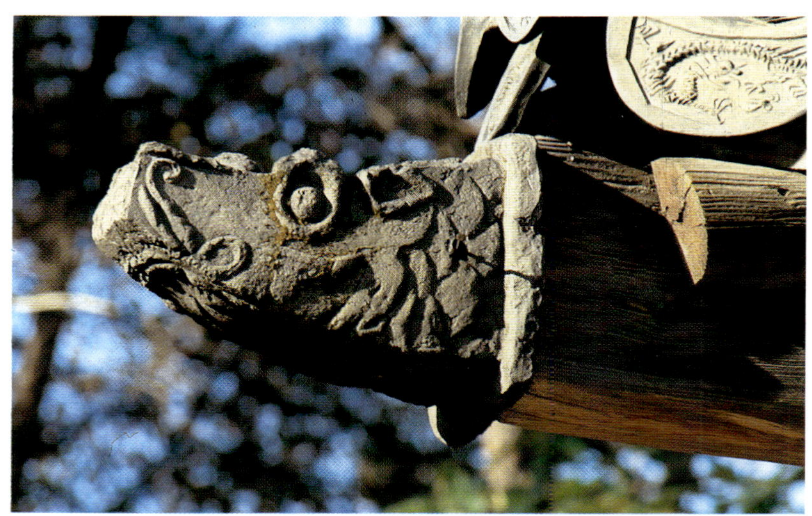

기와의 제작

기와가 처음 만들어졌을 때의 제작 과정에 대해서는 확실하게 알려져 있지는 않다. 다만 그보다 먼저 만들어 썼던 토기를 굽는 기술이 기와에도 적용되었으리라는 것은 쉽게 이해할 수 있겠다.

기와 역시 처음부터 구워서 썼다고 볼 수는 없다. 굽지 않고 햇빛에 말려서 쓰는 경우가 우리나라 말고도 상당수가 있으며, 우리나라에서 출토된 기왓조각 중에도 구운 것 같지 않은 기와가 있었음은 앞에서도 말했다. 그러나 기와의 형태를 만들기까지의 과정에는 큰 차이가 없었을 것이며 태토(胎土)를 고르는 데에도 큰 어려움은 없었을 것으로 여겨진다.

기와의 형태가 조금씩 달라지면서 그에 따른 제작상의 변화도 있었을 것이나 근본적인 것은 거의 그대로 유지되었다고 보아야 한다.

94쪽 사진

조선시대에 만들어진 대부분의 기와들도 제작 기법에 별다른 변화가 없었을 것으로 생각되나 대량 생산 체제로 들어서면서 정밀성이 뒤떨어지는 것으로 나타난다.

기와는 자연에서 채취되는 흙을 그대로 사용한다는 것에서 다른

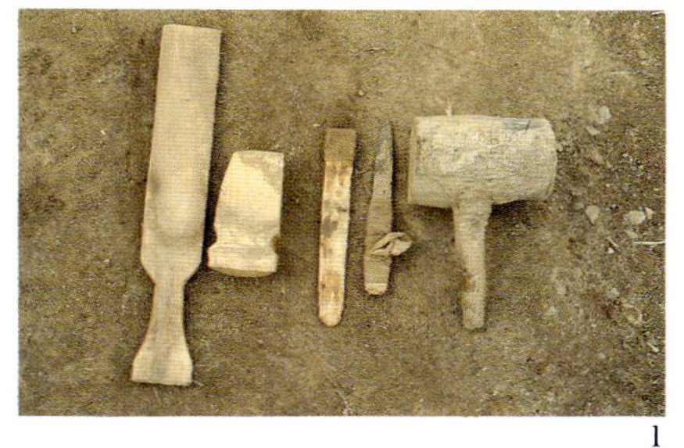

1

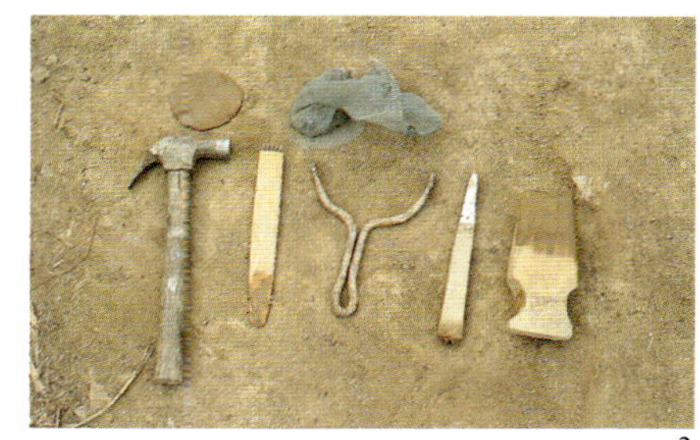

2

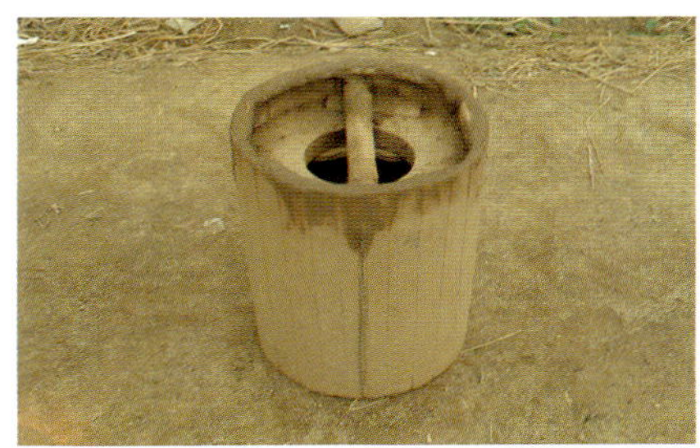

3

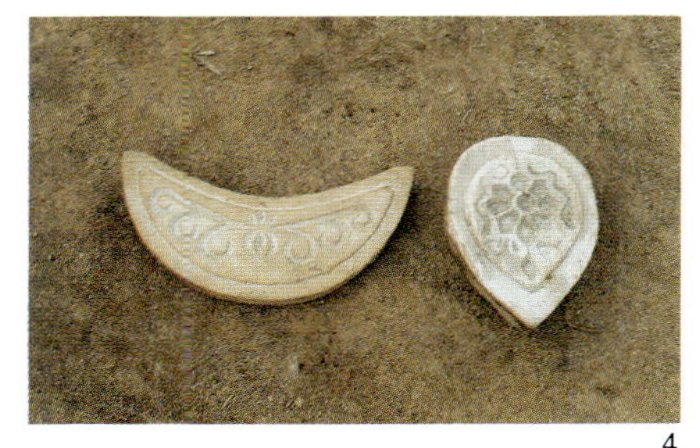

4

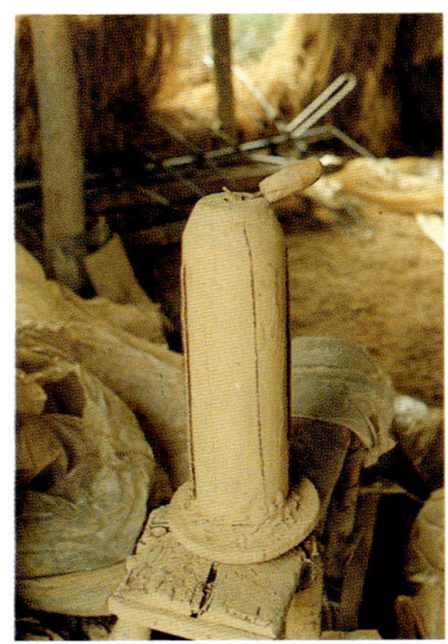

5

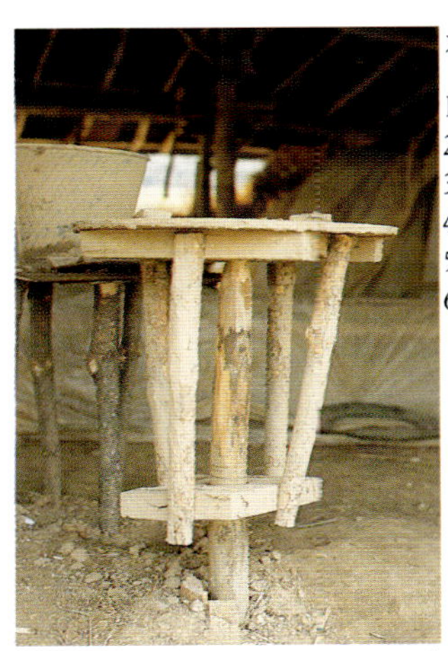

6

기와 제작 용구

1. 기와 제작용 도구
2. 막새 제작용 도구
3. 암키와 제작용 와통
4. 제작된 암, 수막새 무늬판
5. 수키와 제작용 모골
6. 암키와 와통 받침대

토제품과 차이가 있다. 물론 아무 흙이나 쓰는 것은 아니지만 청자나 백자를 만들 때처럼 정선된 흙을 사용하지는 않는다. 적당히 모래가 섞인 논흙과 같은 점토질이면 된다. 곧 우리나라에 가장 흔하게 널려 있는 약간 차진 점토질이면 가능하다.

현재도 옛날 방식으로 기와를 제작하는 곳이 있다. 전남 장흥에 있는 기와 공장으로 손으로 만들어 내는 유일한 곳이라 하겠다. 이 공장에서 기와를 제작하는 방법을 보면 다음과 같다.

85쪽 사진 부근에 있는 논에서 적당한 흙을 골라 운반한다. 운반된 흙에는 이미 적당한 모래가 섞여 있는데, 이 흙을 한쪽에 쌓아 놓고 일을 시작한다. 모래가 많이 섞여도 안 되지만, 모래가 적게 섞여 있거나 아주 없으면 기와가 잘 구워지지 않아서 동파(凍破)가 나기 쉽고, 구울 때 트는 경우도 있다.

흙을 개는 일에서부터 작업은 시작된다. 적당히 물을 주면서 밟고 가래로 뒤적여서 습기가 골고루 배게 할 뿐만 아니라 흙 속에 들어 있는 공기가 모두 빠져 나가도록 한다. 옛날에는 소를 이용하여 짓이기도록 하였다는 이야기도 있는데 많은 양의 흙을 한꺼번에 이기기 위해서는 사람의 힘만으로 어려웠을 것이다.

장흥의 공장에서는 한번에 암키와 500장을 만들 수 있는 정도로 흙의 양을 조절하여 반죽한다. 이 때 물의 양은 흙의 습윤 상태에 따라 달라지지만 대체로 8리터들이 물통 20개 정도가 필요하다고 한다. 처음에는 괭이로 파헤치면서 물을 준 뒤, 몇 사람이 들어가서 발로 밟고, 다시 물을 주는 작업을 세 차례 정도 하는데 햇빛이 들지 않도록 해야 한다.

이렇게 이겨진 흙을 그 옆에다 차곡차곡 쌓아 올린다. 이 때 쌓이는 흙 위에 사람이 올라서서 골고루 다지는데 어느 정도 올라가면 천장에 달린 줄이 있어서 넘어지지 않도록 붙잡고 작업을 한다. 사람 키 정도의 높이로 쌓는다. 그러면 한 변의 길이가 5자 정도로

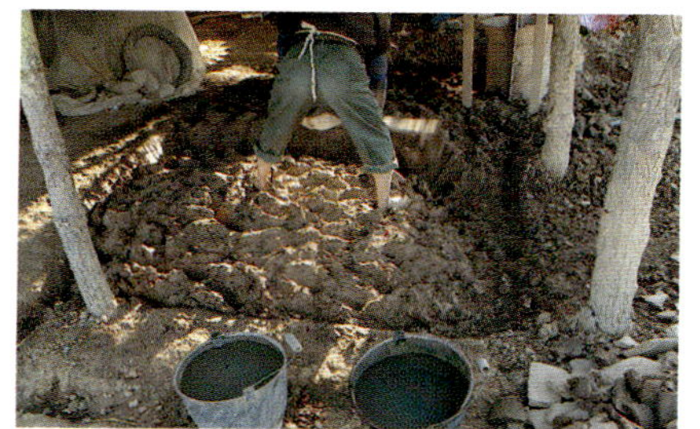

1

기와 제작 과정

1. 논에서 퍼 온 흙에 물을 뿌리면서 이긴다.
2. 한번 이긴 흙을 차곡차곡 밟아 올린다.
3. 한쪽 무더기에서 다른 쪽 무더기로 다시 한번 쌓아 올리기 위하여 철사줄로 흙을 잘라내고 있다.
4. 잘 이겨진 태토를 최후로 정리하여 기와 규격에 맞게 틀 속에 다져 놓은 상태.

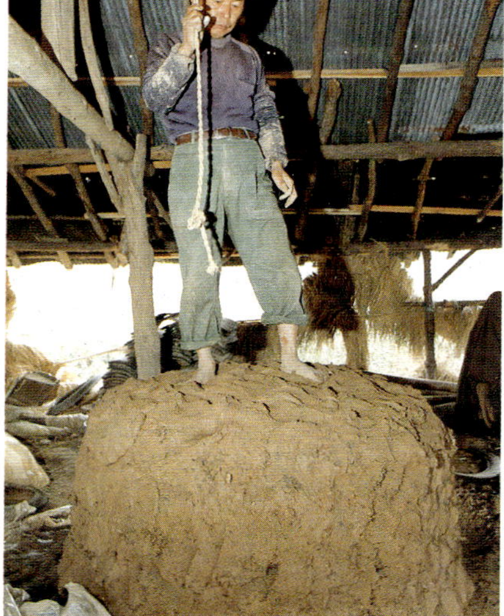

2

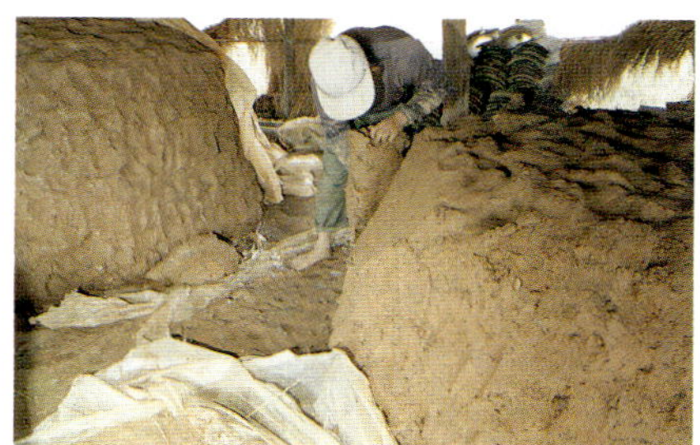

3

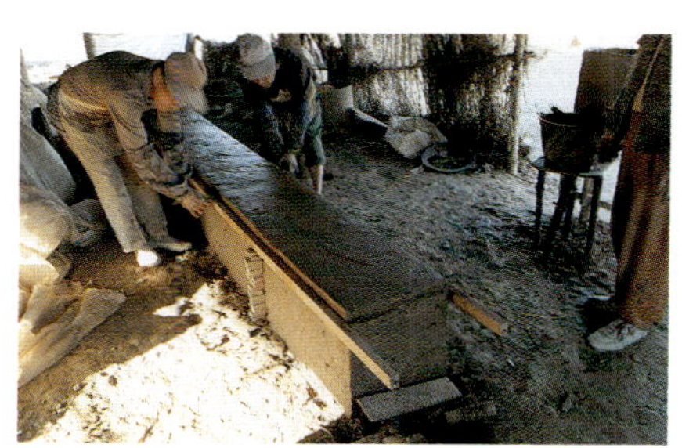

4

거의 정육면체처럼 된 흙무더기가 생긴다.

이렇게 생긴 흙무더기는 그 옆으로 한번 옮겨지는데 요즘은 강한 철사줄을 이용하여 두께 약 1치쯤 되게 얇은 판형으로 떼어 낸 다음 이를 손수건 접듯이 몇 겹으로 접어서 옮긴다. 철사줄로 자를 때는 대개 사선(斜線) 방향으로, 일하는 사람이 하기 편하도록 한다. 옮겨진 흙은 또 한번 밟아서 얇게 펴 전과 같은 흙무더기로 만든다.

두번째로 쌓은 흙무더기의 흙은 마지막으로 일정한 틀 속에 옮겨진다. 이 때의 틀은 흙을 쌓기 위한 것으로 완벽하게 제대로 만드는 것이 아니라 길다란 각재로서 막은 장방형의 틀을 바닥에 고정시킨 다음 흙을 다져서 채운다. 각재의 크기는 대개 1치 5푼으로 가느다란 편인데 벌린 간격은 만들고자 하는 기와의 길이에 맞춘다.

장방형 틀의 길이는 공장 형편에 따라 다르겠으나 대략 15자 내외로 길게 한다. 흙을 높게 쌓기 위해서 또 하나의 틀을 준비한다. 같은 크기로 만든 틀을 바탕틀 위에 올려 놓고 흙을 채운 다음 틀과 틀 사이에 작은 나무토막을 끼워넣어서 위로 밀어올린다. 이 작은 나무토막은 두께가 기와 두께로 된 판형(板形)으로, 틀의 양쪽에 서너 군데씩 적당한 간격으로 배열하여 끼워 올린다. 공장의 일꾼들은 이를 '고마'라고 하는데 일본식 단어로 생각된다. 흙을 옮겨 다져 올리면서 '고마'를 계속 끼워넣는다. 이렇게 하여 높이가 2자 가량 되도록 만들어 놓은 다음 기와의 성형 작업에 들어간다.

틀에 다져진 흙, 곧 태토는 고여 놓은 기와 두께의 나무쪽을 한 단 빼낸 다음 철사줄로 한쪽에서부터 베어 나간다. 철사줄의 양쪽을 두 사람이 한쪽씩 잡고 틀의 윗면에 바짝 붙여서 베어 나간 다음 또 고인 나무토막을 하나씩 빼내고 철사줄로 베어 나간다. 이렇게 3단 내지 4단을 벤 다음 이번에는 세로로 자르는데 역시 철사줄로 한다. 세로로 자를 때는 기와 2장 폭을 기준하여 잘라 나간다. 그러면 기와 2장 폭에, 실제 만드는 기와와 같은 높이, 두께로 된 흙의

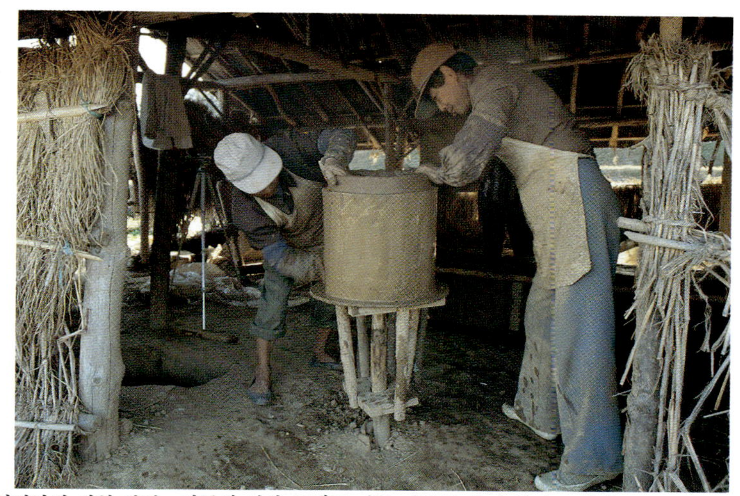

암키와의 성형 작업　와통에 기와 두께로 자른 태토를 돌려 붙이고 있다.

판을 하나씩 떼어낼 수 있게 된다.

　암키와의 제작은 받침대 위에 와통(중와의 경우 윗지름 34센티미터, 밑지름 31센티미터, 높이 39센티미터 정도임)을 설치하여 놓은 작업대에서 이루어진다.

　암키와통은 얇은 판자를 좁게 쪼개어 원통 모양으로 만든 것인데 통의 안에 띠장을 둘러대고 위아래로는 '十자형'으르 버팀목을 써서 든든하게 한다.

　암키와통은 옛날에는 모골(模骨)이라 불렀던 것으로, 중심에 축을 두어서 손으로 살살 돌리면 빙글빙글 돌아가게, 회전이 되도록 설치하여야 하며 밑지름보다 윗지름이 굵은 것은 성형된 기와를 놓고 통을 위로 빼낼 때 편리하도록 한 것이다.

　작업은 두 사람이 한다. 먼저 젖은 삼베로 통의 바깥 면을 감싸 흙이 통에 붙지 않도록 한다. 암키와 폭 2개 크기의 물렁물렁한

흙판을 한 사람이 1장씩 떼어 통에 돌려 가며 붙인다. 통을 손으로 돌리는 한편 물을 적셔 가면서 모양을 다듬는다. 겉면은 맥질(벽의 겉에 고운 흙을 바르는 일)하듯이 하고 구멍 뚫린 부분은 메워서 모양이 만들어지면 무늬가 새겨진 방망이로 두드린다. 이 방망이는 앞 기와 깊이와 비슷한 크기로 만드는데 폭은 경우에 따라 다르지만 약 2치에서 2치 반 정도가 많다.

무늬는 양각되기도 하고 음각되기도 하며, 단순한 무늬는 대개 음각으로 한다. 방망이의 무늬가 음각이면 기와의 표면에 나타나는 것은 양각으로 나타난다. 이러한 무늬를 등무늬라 부르는데, 지붕 면에서 기와와 흙이 맞닿는 면이 이 무늬가 찍힌 쪽이 되며 기와가 미끄러지는 것을 방지해 주는 역할을 하고 있다.

와통의 사방에는 세로로 면을 나눈 줄눈이 있다. 이 줄눈을 눈대라고 하며, 싸리나무 또는 대나무 같은 단단한 나무로 가느다랗게 만들어서 붙인다. 눈대는 볼록줄눈 형태로서 기와가 어느 정도 마른 다음 4토막으로 잘라 내기 위한 기준선이 되는 것이다.

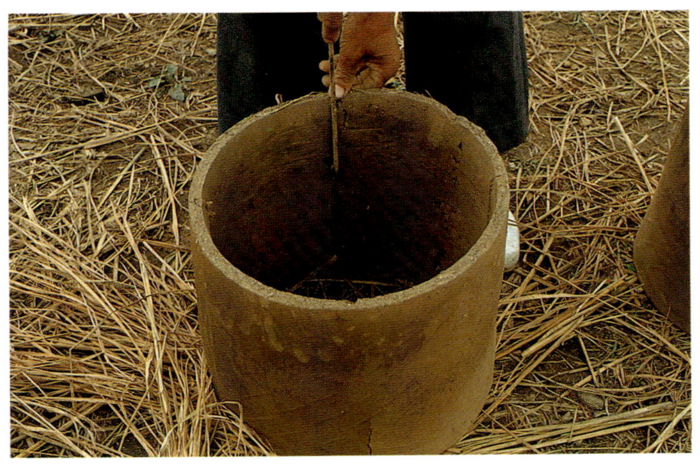

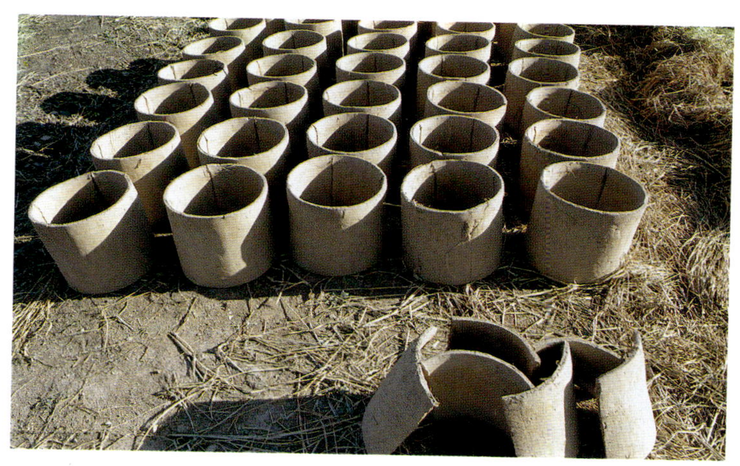

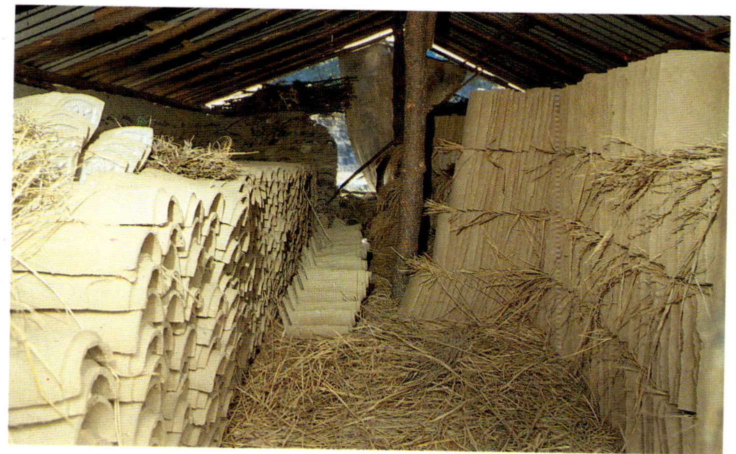

암키와 건조 과정　어느 정도 마른 상태에서 네 조각으로 나누어지기 쉽도록, 눈대에
의하여 생긴 줄눈에 '금낫'으로 기와 두께의 반쯤을 판다.(왼쪽)
암키와를 말리고 있는 모습.(위)
건조된 기와를 창고에 쌓아 비에 맞지 않도록 하면서 가마에 들어갈 준비를 한다.
(아래)

와통에서의 작업이 끝나면 흙이 붙어 있는 상태를 통째로 들고서 건조장으로 간다. 적당한 위치에 놓고서 와통을 빼낸 다음에 흙 내면에 붙어 있는 삼베를 뽑아 낸다.

비를 맞지 않게 하면서 하루쯤 말린 다음에 한쪽에서부터 손을 보기 시작한다. 건조 과정에서 약간 이지러진 부분을 교정해 나가는 것인데 방망이 형태의 판을 양쪽에 대고서 적당히 두드려 바로잡아 나간다.

그리고 뒤를 따라서 꼬챙이의 끝을 'ㄱ자'로 구부린 '금낫'을 이용하여 와통의 눈대로 인하여 생긴 세로줄에 맞추어 기와 두께의 반 정도 깊이로 긁어 낸다.

날씨에 따라 다르지만 사나흘을 말리면 어느 정도 굳은 상태가 된다. 비를 맞으면 안 되기 때문에 그에 대한 대비도 하여야 한다.

완전히 건조한 상태가 되면 4토막으로 쪼개어서 차곡차곡 모으고 다시 창고에 쌓는다. 가마에 가득 채울 만한 양이 될 때까지 모은 다음, 날을 잡아 가마에 채우고 불을 땐다.

가마는 내화 벽돌을 이용하고 있는데 옛날에는 황토와 막돌을 써서 만들었다고 한다. 가마의 전체적인 모양은 원추형으로 되어 있어서 포탄의 머리 부분을 연상하게 하며, 아궁이 쪽은 낮게 시설되어 있다. 한쪽에 사람이 드나들 수 있는 좁은 구멍을 장방형으로 길쭉하게 내어 놓았다.

가마의 내부에 바짝 마른 기와를 세워서 쌓되 한 켜가 다 놓이면 받침을 놓고 다시 한 켜를 쌓는다. 이렇게 천장 아래까지 차곡차곡 쌓은 다음 구멍을 메우고 불을 지핀다. 완전히 하룻밤을 때고 난 다음 하루를 쉬면서 식힌 뒤에 구멍을 뚫고 꺼낸다. 가마에 불을 때는 재료는 장작을 사용하는 것이 원칙이다.

지금까지 암키와에 대한 제작 과정을 이야기하였으나 가마에 성형된 기와를 채울 때는 수키와와 암막새, 수막새, 망와 등도 한꺼

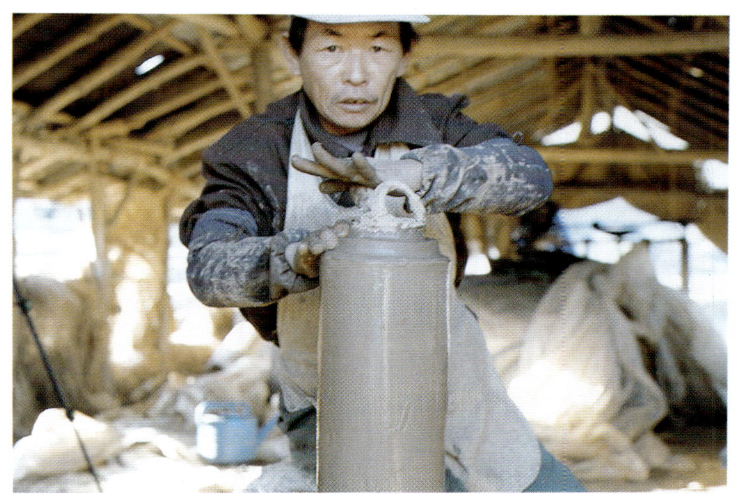

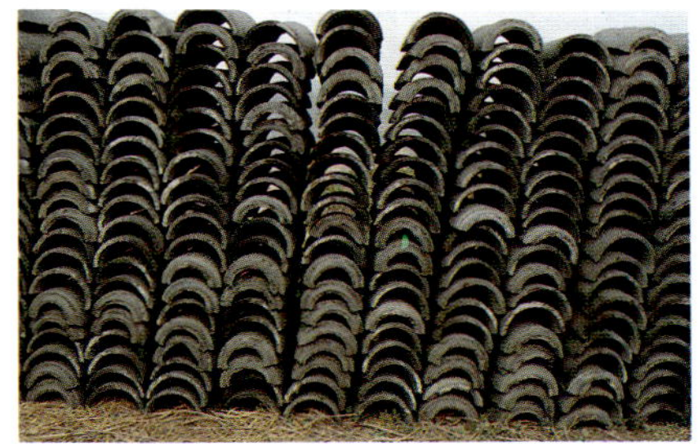

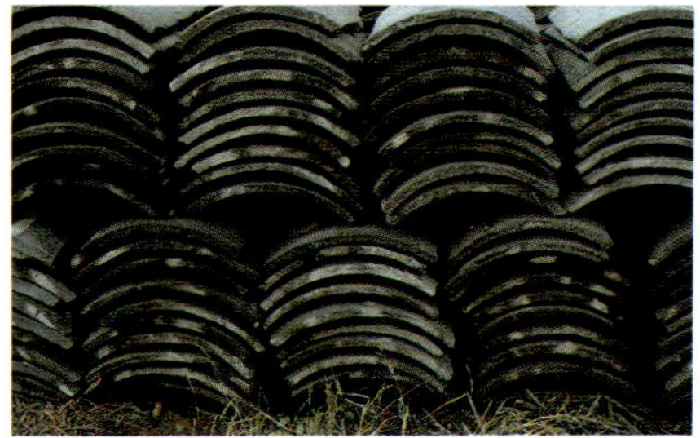

수키와의 제작 과정   언강 부분은 조막손이를 이용하여 성형한다.(위)
왼쪽은 구워 낸 수키와를 쌓아 놓은 모습이고, 오른쪽은 구워 낸 암키와를 쌓아 놓은
모습이다.

번에 구워 내게 되고 가마도 양에 따라 2개 또는 3개를 동시에 준비하여 한꺼번에 불을 때기도 한다.

수키와의 성형은 암키와와 다를 것이 없으나 와통의 크기가 작아야 하므로 아예 통나무를 다듬어서 쓴다. 수키와의 안지름에 알맞은 크기로 다듬는데 윗부분을 약간 오므리듯 하고 아래쪽 중심축에 쇠막대기를 박아 회전축으로 삼는다. 쇠막대기는 지름 3밀리미터 정도로 큼직한 못을 박아서 쓰기도 한다.

91쪽 사진

수키와는 한번에 2장씩이 만들어진다. 눈대가 양쪽에만 있어서 마른 다음 2토막으로 갈라지게 하는 것이다. 또한 암키와와 달리 언강 부분을 만들어야 한다. 수키와통을 돌리면서 언강의 형태에 알맞은 조막손이를 이용하여 만들어 나간다.

막새는 암막새나 수막새 모두 막새틀(무늬를 새긴 판)을 이용하여 만든다.

미리 성형된 암키와나 수키와를 적당히 받쳐 놓을 수 있도록 받침대를 만드는데 이 받침대는 대개 땅을 파내서 작업에 편리하도록 한다. 막새를 만들기 위해서는 평기와가 굳기 전의 상태를 써야 하기 때문에 건조가 시작된 지 24시간 안에 작업이 되어야 한다.

막새의 몸이 될 평기와 막새의 무늬판이 이루는 각도에 맞추어서 받침대가 조정되어 있다. 따라서 받침대에 평기와를 기대어 놓은 다음 무늬판의 위치에 적당량의 태토를 올려 놓고 막새틀을 다시 그 위에 놓는다. 흙의 양이 적당해야 작업이 잘 이루어지는데 숙련된 기능공들은 거의 정확하게 흙을 떼어 올려 놓는다. 다음에는 막새틀의 윗면을 나무망치로 살살 두드려서 무늬가 찍히도록 한다. 무늬판에는 미리 운모가루를 묻혀서 두드린 다음 떼어낼 때 흙이 묻어나지 않도록 한다. 무늬판을 떼기 전에 주위에 밀려난 부분을 나무칼로 도려낸 다음 가죽걸레를 써서 매끄럽게 문질러 마무리를 한다.

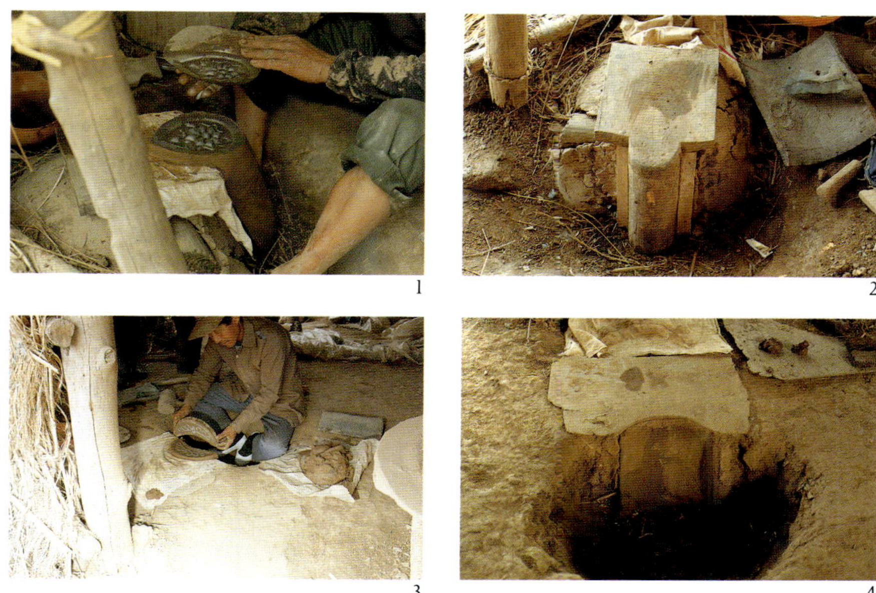

막새 제작 과정

1. 수막새의 제작이 완료되어 무늬판을 들어 내는 모습.
2. 수막새를 제작하는 작업장으로서, 수막새 크기에 맞추어 만든다.
3. 암막새를 제작하는 모습으로, 나무에 무늬를 새겨서 태토 위에 돌려 놓고 두드려서 만든다.
4. 암막새를 제작하는 작업장으로서, 땅을 약간 파서 미리 만든 암키와를 세울 수 있도록 한다.

박공면의 날개 기와 용과 봉황을 주제로 한 무늬는 궁궐이나 능원(陵園)에서 주로 사용되었다. 동구릉 건원릉 정자각의 일부이다.(위)

글자가 새겨진 막새 동구릉 건원릉 정자각의 막새에 부분적으로 사용되었다.(아래)

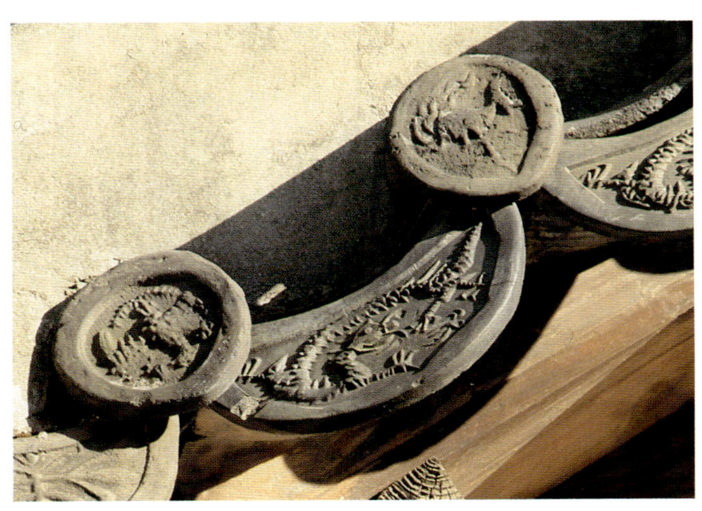

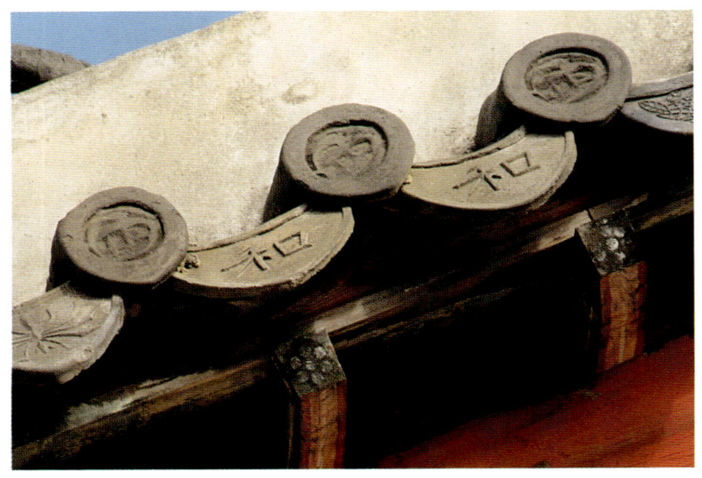

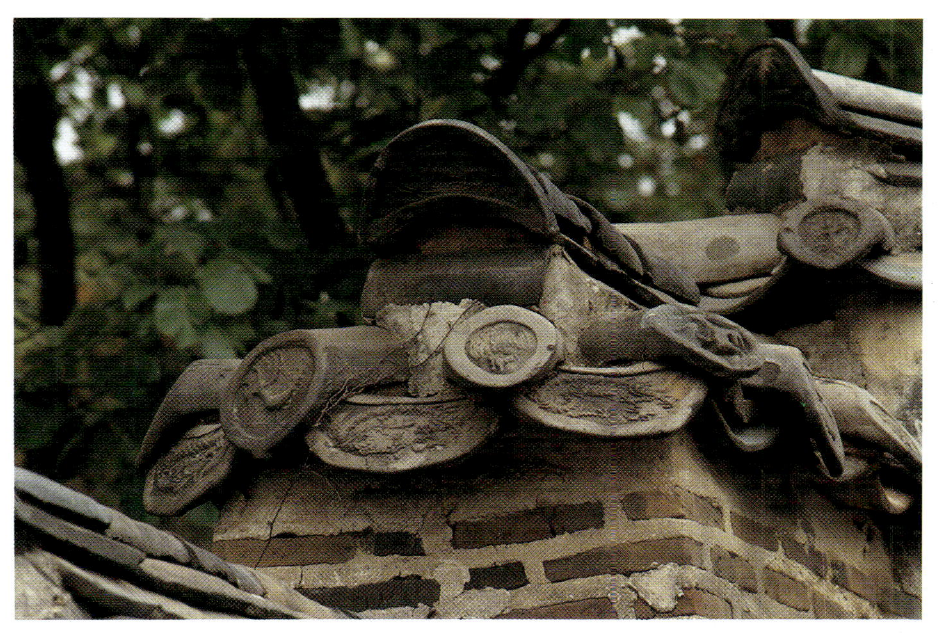

곡담의 지붕 경사진 곳에 쌓은 담장은 층단을 이루게 된다. 동구릉 현릉의 왕비릉 곡담의 지붕은 막새를 사용한 고급스런 담장이다.

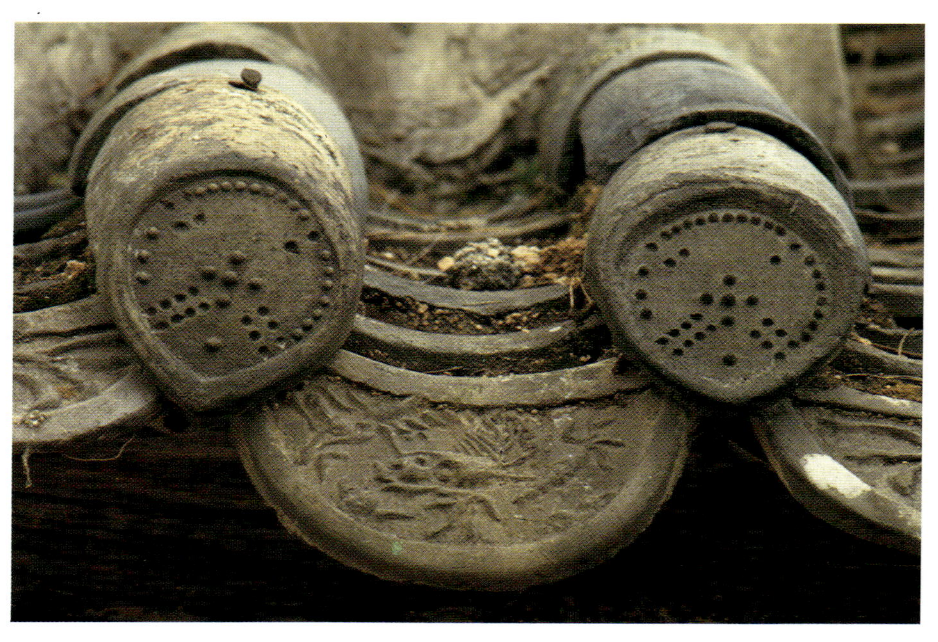

암막새와 수막새 수막새의 무늬가 독특하다. 양각된 점과 음각된 점들을 혼합한 것으로, 점의 숫자들은 주역의 문왕팔괘를 표현하고 있다. 동구릉 현릉 비각의 지붕

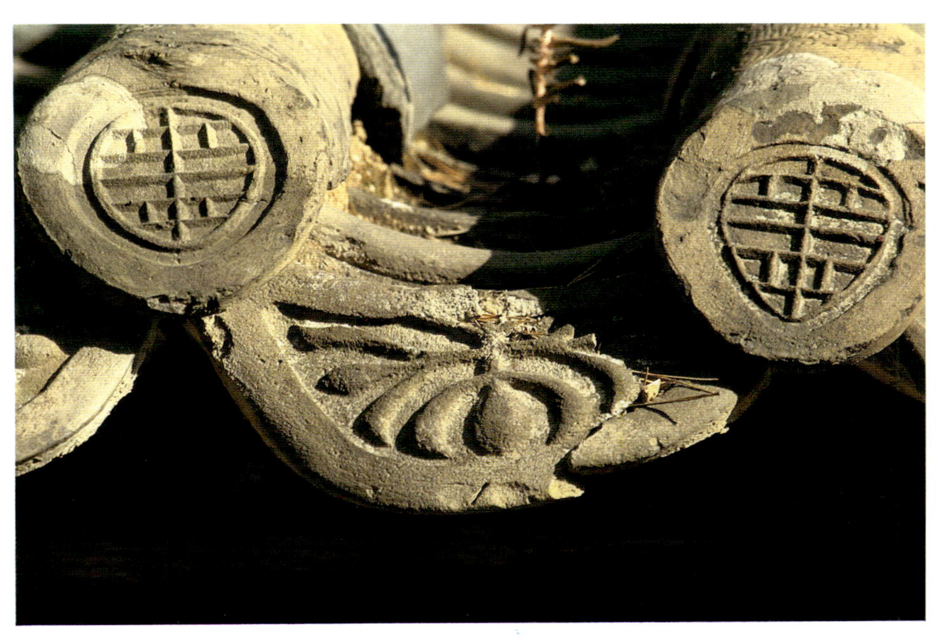

암막새와 수막새　수막새는 수(壽)자 무늬이고, 암막새는 불로초 무늬로 모두 오래 살기
를 기원하는 의미를 담고 있다. 동구릉 현릉 비각의 지붕

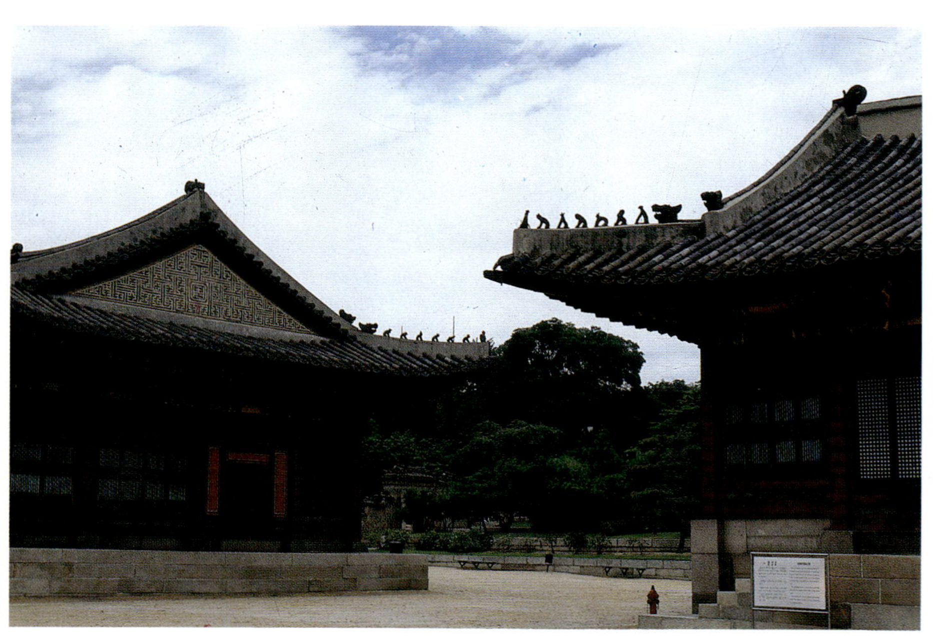

덕수궁 함녕전과 덕홍전 취두, 용두, 잡상 등의 격식을 갖춘 두 전각이 근접하여 있으면서도, 기단의 높이를 다르게 하였으므로 지붕의 높이도 다를 뿐만 아니라 팔작지붕의 용마루 꺾음에 변화를 주어 주위 환경과 조화를 이루게 하였다.

창덕궁 낙선재 일곽   한정당의 아래쪽으로 석복헌, 수강재의 지붕들이 있고, 육각정의
상량정, 전돌로 쌓은 굴뚝들이 서로 어울려 있다.

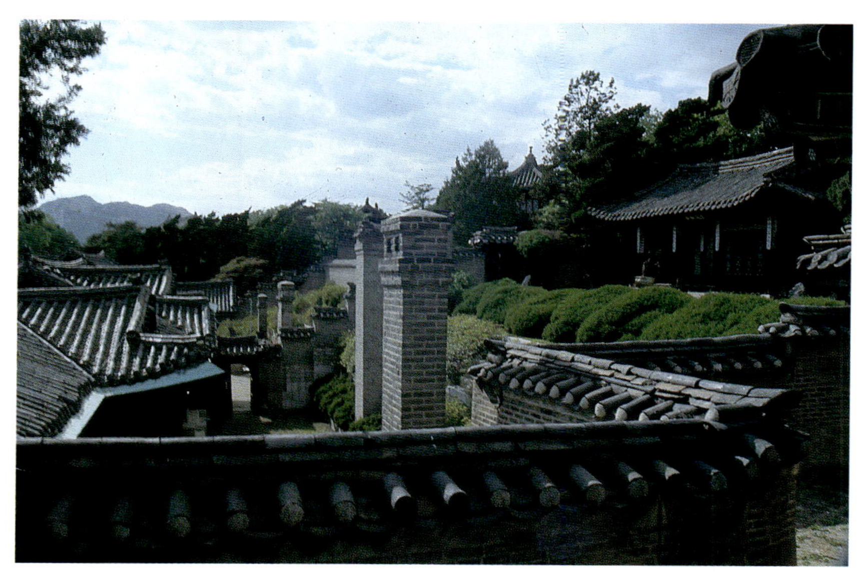

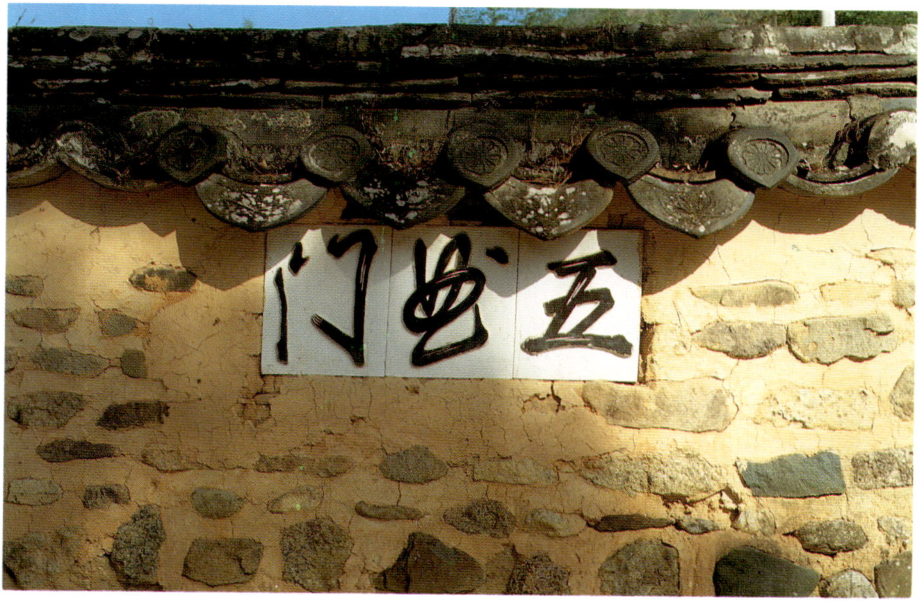

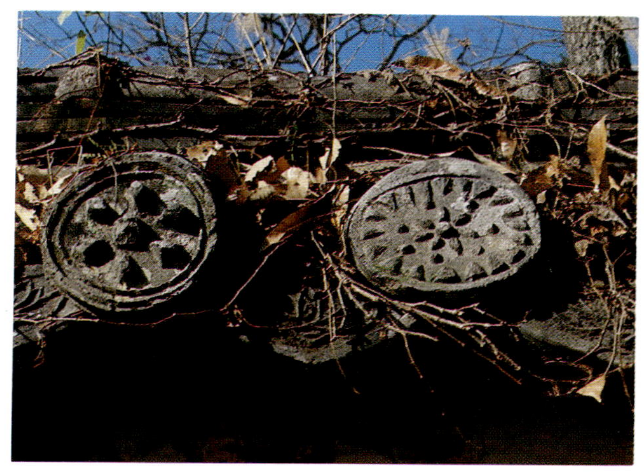

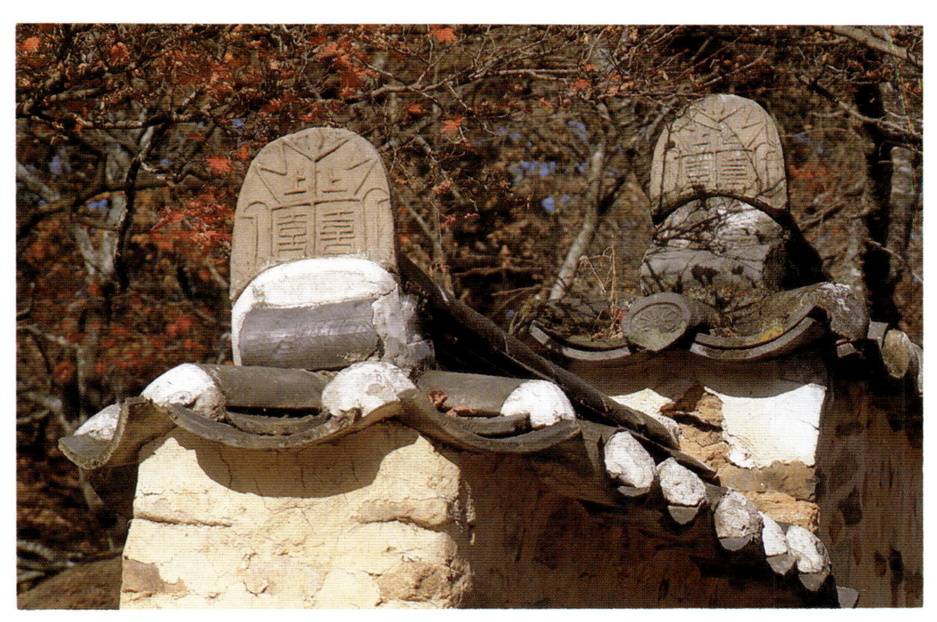

담양 소쇄원 담장　　오곡문(五曲門)이라는 글자 위에만 막새를 썼다. 돌장의 아래쪽으로
　는 물이 흐른다.(왼쪽 위)
　담장에 쓴 막새인데 역시 이 막새 아래에는 글자가 있다. 사찰에서나 사용했을 듯한
　무늬들인데, 특별히 구하여 쓴 것으로 보인다.(왼쪽 아래)
　입구의 담장에 망와를 썼다. 희(囍)자 무늬를 중심으로 한 무늬이다.(오른쪽)

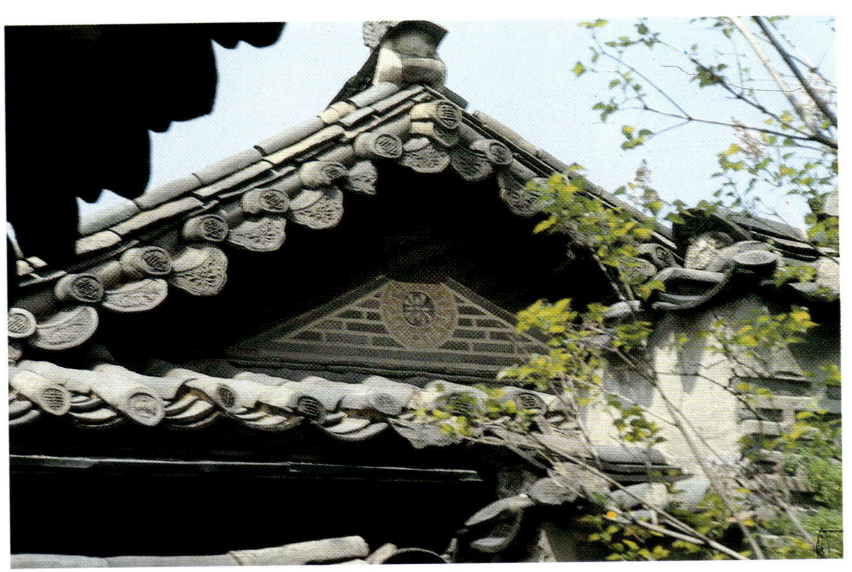

창덕궁 석복헌의 지붕 박공면의 치장이 독특하다. 벽돌을 구워서 원형의 무늬를 놓고 그 내부에 태평화를 그렸다. 이러한 무늬는 장수(長壽)를 의미하는데 기와의 무늬와 내용은 같다.

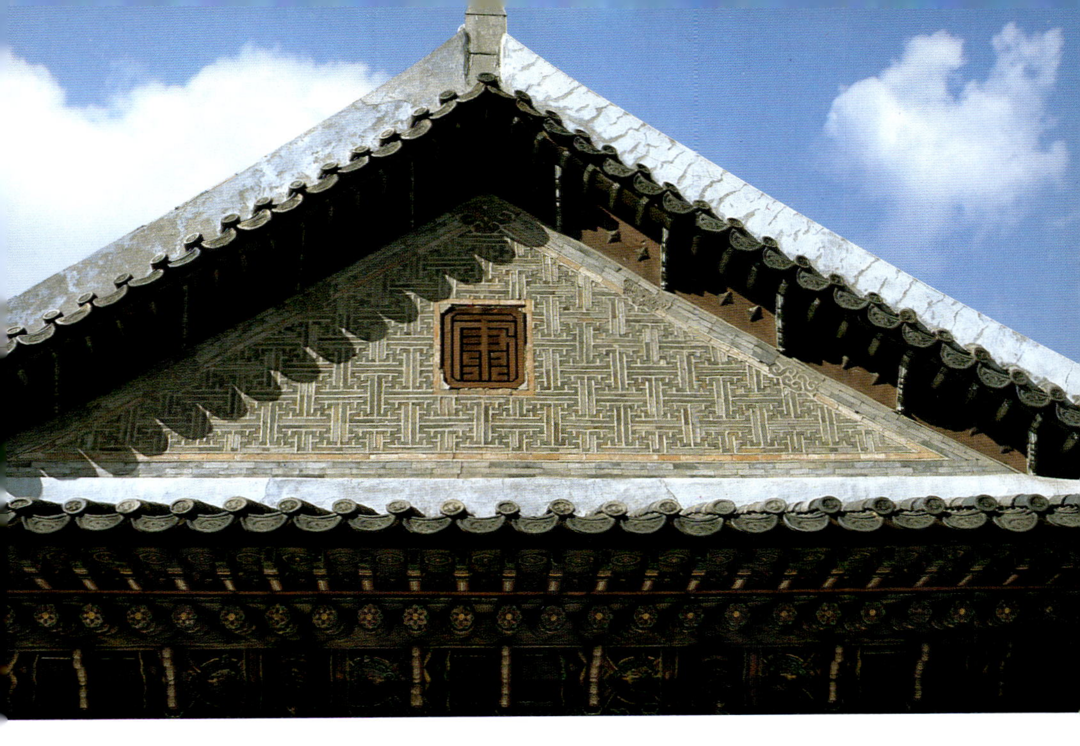

덕수궁 인정전 지붕 박공벽의 처리를 전돌에 의한 무늬로 가득 채웠다. 궁궐 건축에서 자주 나타난다. 박공면과 지붕의 기와, 서까래 등이 정연한 구조미를 보인다.

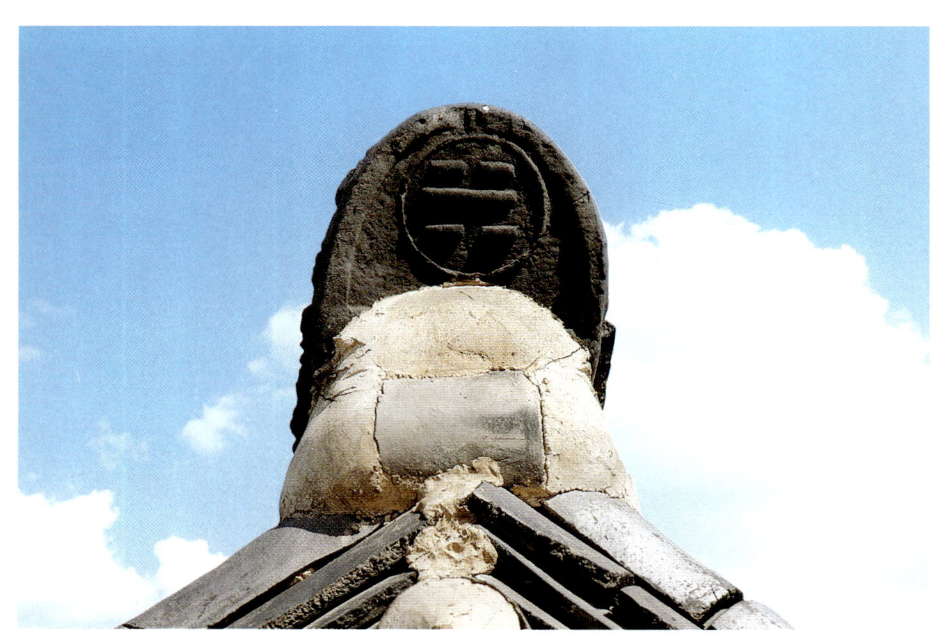

용마루 끝의 망와 팔괘의 하나를 무늬로 썼다. 무늬의 둘레를 원으로 감싼 것이 특이
하다. 충주 청녕헌(왼쪽)
용마루 끝의 망와가 도깨비 모양인데 입 모양이 특이하다. 아예 구멍을 뚫어 밖으로
벌렸다. 봉화 경체정(오른쪽 위)
내림마루의 망와 불로초가 변화된 모습이다. 나주 향교 대성전 건물의 지붕 모습이
다.(오른쪽 아래)

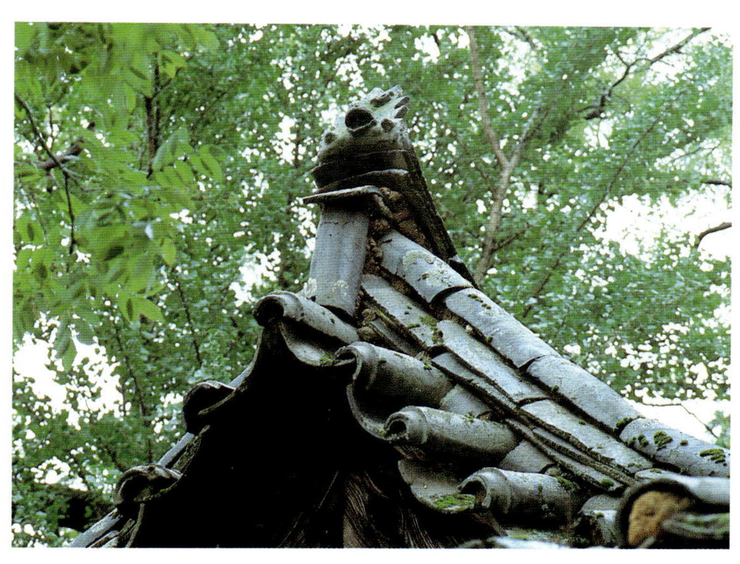

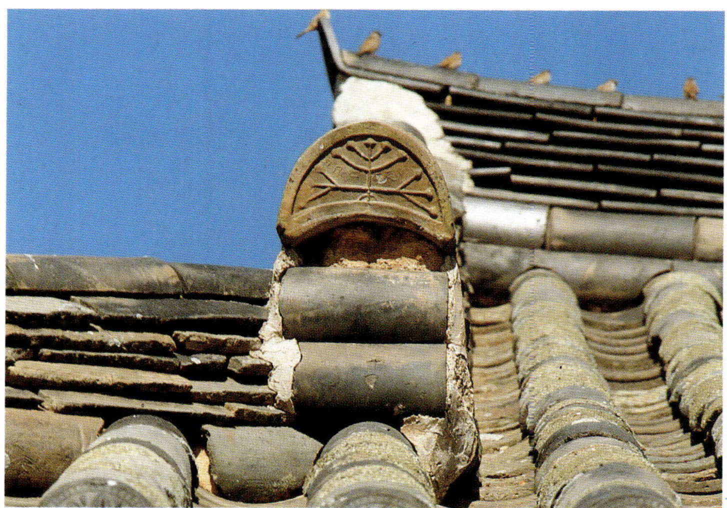

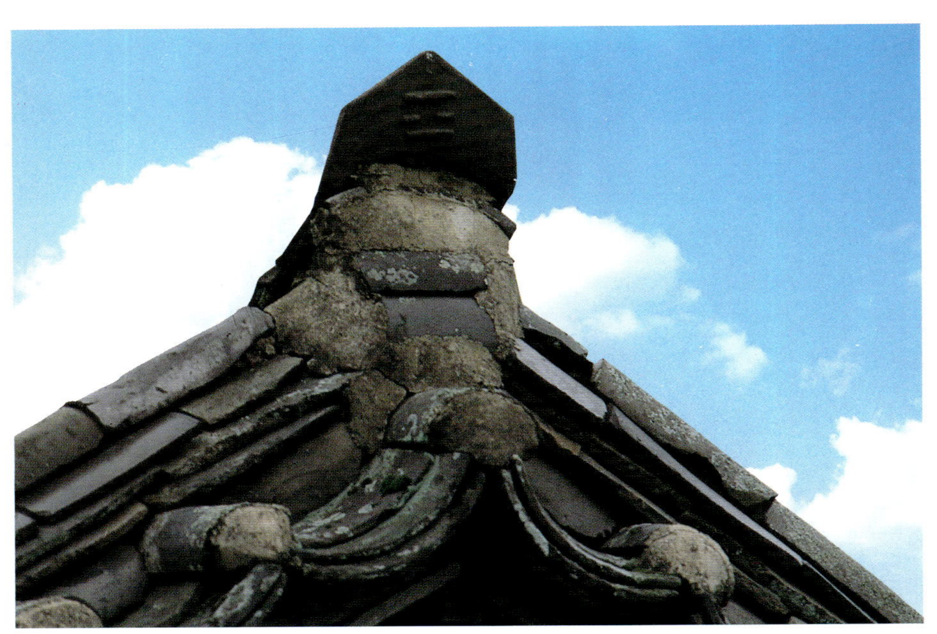

논산 윤증 고택의 망와 사랑채의 지붕인데 용마루, 내림마루, 추녀마루 등의 망와에 팔괘 가운데 하나를 무늬로 썼다.

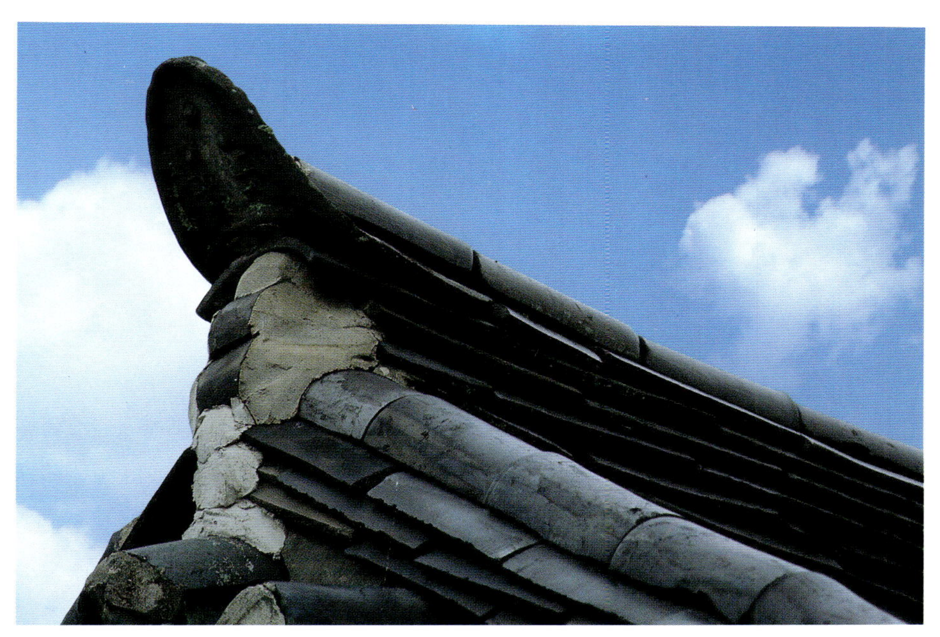

용마루 망와와 용마루, 내림마루 등이 집중되는 이 부분을 날렵하게 솟은 용마루로
지붕을 처리하였다. 논산 윤증 고택

조선시대의 정책

부자집이라야 기와를 잇고 살았던 옛날, 집 지을 생각도 하기 힘들었던 서민들로서는 기와를 올리고 싶은 욕망이 간절했으나 그것은 그림의 떡이었다. 그러나 궁궐이나 관아, 향교, 서원, 사찰, 제각 등에서는 거의 기와지붕을 쓰고 있어서 지금 남아 있는 대부분의 주요 건물들이 기와로 되어 있다.

기와가 꼭 필요하나 기와를 만들어서 파는 곳이 없고, 있다 하더라도 거리가 멀어서 운반에 어려움이 있다. 운반을 쉽게 할 수 있는 도로 사정도 원활하지가 않아 할 수 없이 기와 공장을 가까이에 차려야 한다. 상당한 규모의 사찰을 새로 세운다거나 여러 채를 더 짓는 대규모의 역사(役事)가 시작되면 필요한 기와의 양도 대단해지므로 기와 공장을 차리는 데 큰 문제가 없다. 거기에 필요한 기와를 생산하고 문을 닫아도 수지타산이 맞는다. 그래서 큰 사찰의 근처에서 기와를 굽던 가마 터가 발견되곤 한다.

도성(都城)을 중심으로 한 서울에서는 기와의 사용량이 많았기 때문에 기왓가마가 상설되어 수시로 공급이 가능하였으리라 생각된다. 그러나 지방에서는 대량으로 공급할 필요가 생기면 그때그때

기왓가마를 설치하였다. 이렇게 기왓가마가 생기면 주변에서 기와가 필요한 사람들이 주문을 해오게 마련이다. 따라서 본래 목적했던 기와만 만들어 내고 마는 것이 아니라 기와집을 지으려고 생각했던 인근의 주민들이 주문하는 것까지 만들어 주는 것이 상례였다. 기왓가마를 운용하는 사람에게는 오히려 잘된 일이라고 할 수 있다.

이렇듯 기와집을 짓기 위해서 맨 먼저 기와부터 가련해 놓고 다음으로 대목을 구하는 집주인이 많았다.

나라에서 사용하는 기와를 공급하기 위해서는 별도의 기관을 두고 기와와 벽돌을 만들었다.

'와서(瓦署)'라는 기관이 바로 기와를 공급하기 위한 곳이었다. 태조 원년(太祖 元年, 1392)에 동요(東窯), 서요(西窯)를 두었다가 나중에 합하여 와서로 개칭하였다. 와서의 관원으로 별제(別提) 2명이 있으며 이속(移屬)으로 서리(胥吏) 2명, 고직(庫直) 1명, 사령(使令) 2명이 있어서 일을 맡아 했는데 만들어 내는 품목으로 대와(大瓦), 방전(方甎), 방초(防草), 상와(常瓦), 대방전(大方甎), 토수(吐首), 잡상(雜像), 반방전(半方甎), 용두(龍頭), 당와(唐瓦), 당방초(唐防草), 연가잡상(烟家雜像) 등이 있었다고 「만기요람(萬機要覽)」 '재용편(財用編)'에 적혀 있다.

그러나 서민에 대한 기와의 공급은 원활하지 굿했으므로 이를 위해 설치된 것이 앞서 언급한 태종 6년(1406)의 별와요였다.

화주였던 해선 스님은 일찍이 이렇게 말했다.

"신도(新都)의 크고 작은 민가들은 대개 지붕을 짚으로 덮어서 중국의 사신들이 왕래할 때 보기에 좋지 않다. 또한 화재가 나면 많은 피해가 생긴다. 만약 기왓가마를 별도로 설치하여 기와를 구워 내고, 사람마다 살 수 있게 허락한다면 10년 안에 성중(城中)의 여염집들은 모두 다 기와집이 될 것이다."

별와요의 활동으로 민간인에게도 상당한 수량의 기와가 공급되었을 것으로 생각되나 이 역시 여러 가지 사정이 있었던지 3년여를 넘기고는 일단 없어지고 만다. 이 때 문제점으로 제기되었던 것 가운데 하나가 불을 땔 때 소용되는 나무의 원활한 공급이었다. 이런 나무를 소목(燒木) 또는 토목(吐木)이라고 하는데 한꺼번에 많은 양이 필요하므로 도성 근처의 기와를 굽는 데까지 운반해 오는 일이 어려운 문제로 나타났다.

땔나무는 주로 배를 이용하여 운반하였고 이 일에 강가의 주민들이 동원되었다. 그러나 태종 9년(1409)에는 사선(私船)을 탈취하여 땔나무를 운반해 오는 일이 발생하여 임금은 이로 인한 폐해를 걱정하다가 결국 별와요를 없앨 것을 명하였다. 그러나 이미 기와 값을 선불한 사람들이 있어, 잠시나마 별와요를 더 운영하여서 일을 끝내도록 해줄 것을 청했으나 허락되지 않았다. 「태종실록」에 의하면 쌀 100석을 미리 낸 사람도 있었다 하니 기와를 구하고자 하는 사람은 상당수가 되었던 모양이다.

별와요의 설치로 어느 정도의 효과는 얻었는지 모르나 완벽한 기와의 공급에는 미치지 못하고 말았다.

별와요가 운영되고 있던 중간에도 초가집이 많아 문제가 되고 있음을 지적한 구절이 「태종실록」에 있는데, 태종 7년(1407) 4월에 한성부(漢城府)에서 도성의 일을 보고하는 중에

"대부분의 집이 초가로 되어 있을 뿐만 아니라 조밀하게 모여 있어서 화재의 위험이 있으니 각 방(坊)의 매 일관(一管)에 수옹(水瓮)을 2개씩 비치하여 화재에 대비하여야 한다."

라고 하였다.

이와 같은 화재의 위험은 기와집일 경우 어느 정도 해결되는 것으로 생각할 수 있는데 기와집의 필요성은 인정하나 제작에 많은 비용이 들 뿐만 아니라, 땔나무마저 공급이 원활하지 못한 상태에서 두고두고 어려운 문제로 남게 된 것이다.

별와요의 역할은 그런 대로 계속이 되나 역시 땔나무로 인한 곤란이 항상 문제점으로 나타난다. 태종 14년(1414) 2월에는 경기도 경차관(敬差官)이 일에 대한 보고를 하면서 관할 구역 안의 백성들이 겪는 여러 가지 어려움을 이야기하는 중에 와요선공지목(瓦窯繕工之木)에 대한 것도 있다. 이에 대하여 병조판서 이응(李膺)은 권세 있는 사람에 의하여 기와는 다 없어지고 일반 백성들은 조금밖에 얻지 못하니 별요(別窯)를 파(罷)하는 것이 옳다고 주장하고, 호조판서 박신(朴信)은 만약 별요를 파한다면 서민들은 기와를 전혀 얻지 못할 것이 아니겠느냐 하여 의견이 대립되었다.

또 와요에서 사용되는 땔나무를 운반하는 것도 문제가 되었다. 땔나무는 주로 초벌목(初伐木)으로 한강의 상류에서 내려보내는데 수참(水站)에 명하여 운반하였다. 그런데 당년 봄에 별요가 파하였으니 목재 운반하는 명을 거두게 되었다. 그러나 별요 제조 박신은 별요를 파하지 말고 나무를 운반하는 명을 그대로 둘 것을 청하였고, 박자청(朴子靑)이 나무를 운반하는 것을 아주 급하게 독려하였다. 그러나 수참별감(水站別監) 최유항(崔有恒)은 이를 듣지 않고 임금께 아뢰기를

"강변의 주현(州縣)에서는 여름에 홍수가 나서 재목을 잃어버릴까 염려하여 높은 언덕으로 옮기는 데 기진하여 수참의 선군(船軍)들은 맡은 바 조운(漕運)을 겨우 마쳤을 뿐입니다. 밭갈이가 시작되면 농사의 바쁜 틈을 내어 다시 나무를 운반하면 됩니다."

라고 하니 임금이 옳게 여기고 농사 짓는 틈을 내어 운반하라고 하였다.

두어 달 후인 7월에 박신 등은 종묘 앞의 누문(樓門)에서 동대문 사이에 행랑(行廊)을 짓게 된 일과 연관시켜 별요를 다시 설치할 것을 주장한다. 그래서 태종은 박자청에게 감독을 명하고 양계(兩界; 함경도와 평안도) 각도에서 승군(僧軍) 600명과 경기도, 풍해도

(황해도)의 선군 1,000명을 징발하여 기와 굽는 일과 행랑을 세우는 일에 동원하도록 허락한다.

이후 별와요의 설치로 상당한 성과가 있었음을 밝히면서 지방에까지 기와를 공급하기 위한 시도가 이루어진다.

세종 6년(1424) 별요의 화주로 큰 활약을 하였던 도대사(都大師) 해선 스님은 호조에 글을 올려 별요의 설치로 많은 집이 기와를 잇게 되어 화재에 대한 근심을 덜게 되었음을 다행으로 여기면서도, 이제 나이가 든 자신은 할 일을 다 마치지 못한 채 늙고 몸에 병이 있어 더 이상 기와 굽는 일을 할 수 없다면서, 기와를 구워내는 데 3가지의 어려움이 있었음을 밝힌다.

첫째는 소목(燒木)을 구하는 일이요, 둘째는 공급(供給)하는 데 드는 비용이요, 셋째는 공역(工役)하는 데 소용되는 돈이라 하였다.

별요는 필요에 따라 자주 설치하였는데 세종 8년(1426)에도 다시 세운다. 이 때는 몇 번의 경험이 있었기 때문에 상당히 계획적으로 일이 추진된다.

세종 8년 2월 보름날에 한성부 안에 큰 화재가 있었다. 서북풍이 크게 일어난 가운데 경시서(京市署) 및 북변의 행랑(行廊) 116칸, 인가(人家)가 중부(中部)의 1630호, 남부 350호, 동부 190호 등이 불에 탔으며 인명 피해도 대단하였다. 이에 나라에서는 여러 가지 대책을 세우던 중 2월 말에 이르러 호조에서 기와를 굽기 위한 별요의 설치를 주장하여 시행하게 된다.

화재로 인하여 집을 잃은 사람들은 대부분 가난하여 스스로 기와를 구할 수가 없기 때문에 별요에서 구워 낸 기와를 싼값에 나누어 주도록 하면서 다음 사항을 정했다.

"제조 및 감역관을 정하고, 기와장이 40명과 승장(僧匠) 등을 우선적으로 가려서 정하고, 조역인(助役人) 300명은 자원하는 사람과 외방(外方)의 스님으로 구성하고, 의복과 곡식을 모아 나누어 주는데, 부역 일수와 부지런하고 태만한 정도에 따라 한다.

답니우(踏泥牛;기와를 만들기 위한 흙을 이기는 데 필요한 소) 20두(頭)는 각 사(司)의 포화(布貨) 중 쥐가 갉아서 상한 것을 골라 원하는 사람에게 내다 팔 수 있게 허락하여 그 이익금으로 충당하고, 번와목 곧 땔나무는 경기, 강원, 황해도에 매년 양을 정하여 영(令)을 내리는데, 한강 상류의 선군(船軍)이 벌목하여 수참선(水站船)으로 운반하도록 한다.

와장의 조역인과 답니우를 기르는 데 필요한 미두(米豆)는 첫해에는 사정을 짐작하여 적당히 지급하고, 다음해부터는 기와를 판 대금으로 충당한다. 간장 및 해산물은 각 사(司)에 보관된 간장과 사재감(司宰監), 의영고(義盈庫)에 있는 하산물을 지급하도록 한다.

기왓가마를 만드는 터는 한성부에 명하여 마련하도록 하고 그 밖에 미비된 점이 있으면 별요의 관원이 알아서 처리하도록 한다.”

이처럼 상세한 부분까지 정하여 화재를 당한 사람들이 집을 복구하는 데 필요한 기와를 싼값에 공급하도록 노력하였다.

또한 세종 11년(1429) 9월에 좌사간(左司諫) 유맹문(柳孟聞) 등이 상소를 올려 여러 가지를 건의하는 중에 별요에 관한 대목이 있다.

“도성의 땅은 좁고 사람은 많아 집과 집이 붙어 있는데 열 집 중 칠팔 집이 초가로 되어 있으니 한번 불이 나면 100여 호가 타버리고 맙니다. 따라서 별요의 기와는 반드시 불이 난 집에 먼저 공급하여야 합니다. 그런데 불이 난 사람은 재산까지도 한꺼번에 잃어버려 다시 집을 지을 능력마저도 없습니다. 열 사람 중 한두 사람밖에 집을 짓지 못하고 있는 실정이니 어찌 편안히 기와를 살 수 있겠습니까?

지난 병오년(丙午年, 1426) 화재 때 불이 난 집에 먼저 기와를 공급하여 지난 서너 해 동안에 기와집을 다 마치려 하였으나 겨우 열 집에 두세 집밖에 짓지 못하였습니다. 이는 미처 기와를 사두지 못하였기 때문이니 어찌하겠습니까? 별요에서 1년 동안 생산하는 숫자가 10여만 장에 불과한데, 자주 나랏일로 쓰이는 숫자가 많으니 더욱 구하기가 어렵습니다. 신 등의 얕은 생각으로는 경기의 동, 서, 남 3면에 각각 기왓가마를 하나씩 설치하고 승도(僧徒)로서 그 일을 감당하게 하고……."

이렇게 하여 가난한 집을 우선하면서도 싼값에 공급하고 기와집이 다 될 때까지 도성 밖으로 기와가 나가지 못하도록 하자고 제의하였으며 그대로 시행되었다.

세종 13년(1431) 3월 그믐날 홍복사(興福寺) 동남쪽에서 불이 나 인가 84호가 소실된다. 이 때에도 역시 화재가 크게 난 원인으로는 집들이 다닥다닥 붙어 있어 한번 불이 나면 걷잡을 수 없다는 것이다. 4월 초에 대언(代言) 및 종친부(宗親府), 그리고 육조(六曹)의 이품 이상 관원들이 문안을 드리면서, 병오년(세종 11, 1426)의 화재 후 여러 가지 대책을 세워 도로를 넓히고 하였으나, 이번의 화재 또한 집들이 붙어 있는 관계로 서로 구해 줄 방도가 없었으니, 도로를 더욱 넓히고 연못이나 우물을 파는 방법의 제시라든가, 민가에 기와를 입히기는 하였으나 역시 연속하여 집이 붙어 있어서 불길을 잡기 어려우니 담장을 높이 쌓을 것들을 건의한다.

그 밖에도 처마가 붙어 있는 집은 지붕의 안팎에 진흙을 두껍게 바르는 것이 좋겠다는 의견과 별요를 더 늘려서 기와를 더 많이 공급하자는 것, 그리고 한성부의 문서나 곡식 등을 보관하는 공가(公家)는 사면에 난장(欄墻)을 세우되 높이는 10척, 폭은 4척으로 하자는 등 여러 가지 제의가 있었다.

며칠 후 공조에서는 결국 삼별요(三別窯)의 설치를 구체적으로 제시한다. 동북부 1요(一窯), 서남부 1요, 중부 1요가 그것인데, 삼별요의 설치에 따른 지역 배정을 하여 각 별요의 인력을 담당하게 함은 물론 소목(燒木)까지도 책임지게 한다. 기타 운영에 따른 것이나 설치를 주장하는 동기는 전과 비슷하며, 특이한 것으로는 바자울(대, 수수깡 등으로 엮은 울)과 같은 나무 울타리를 금지한 것이 있다.

이어서 호조에서는 삼별요의 제조를 각 한 사람씩, 별좌(別坐) 각 두 사람씩은 3,4,5,6품 중에서 임명하고 별감(別監)은 호조나 공조판서 및 금화도감(禁火都監) 중에서 선정하여 각 제조를 규찰(糾察)하도록 한다.

세종 16년(1434)이 되어서는 별요에서 구워 낸 기와가 쌓여서 장사가 잘 안 되니 부역하는 승인(僧人)들을 돌려보내자고 한다. 그만큼 많은 성과가 있었다는 이야기가 되는데, 여기에서 별요를 신구별요(新舊別窯)로 지칭하고 있는 것으로 보아 이미 운영중이던 별와요와 삼별요를 일괄하여 지칭한 것으로 보인다. 이는 별요가 가장 왕성하게 활동하였던 시기로서 많은 기와를 공급하였음을 짐작하게 한다.

결국 별요에서 일하는 일꾼이나, 승도들을 돌려보냄으로써 별요의 활동이 일시적으로 중단된다.

14년 뒤인 세종 30년(1448)에 세종은 별요가 설치된 이래 경성의 인가가 대부분 기와집을 이루었으니 별요를 파(罷)하는 것이 어떤가 하고 묻는다. 그러나 하루 아침에 별요를 없애면 사요(私窯)에서 만드는 기와 값이 오르게 되고 새로이 집 짓는 사람은 구하

기가 어려워질 것이므로 봄, 가을에만이라도 기와를 굽도록 하자는
의견에 따라, 봄에만 굽도록 하라는 임금의 허락이 내린다.

문종이 즉위한 해(1450)에 다시 별요를 없애자고 하나, 교서관
(校書館)의 간사(幹事)를 파(罷)하는 것으로 하고, 별요는 존속이
된다. 단종 때에 이르러 별요의 임무가 끝났으니 없앨 것을 의정부
에서 아뢰니 이에 따른 것이다.

이렇게 태종 6년(1406)에 설치되었던 별와요(別瓦窯)는 약 48
년 동안 운영되면서 도성 안의 사가(私家)에 기와지붕을 잇게 하는
결정적 역할을 하였다.

그러나 기와가 계속 공급되어야 하는 것은 어쩔수 없어 사요(私
窯)가 계속하여 활동한다. 그런데 사요의 품질이 문제가 되어 사헌
부(司憲府)에서 조건을 제시하여 이에 따르도록 한다. 곧 세조 5년
(1459)에 사헌부에서는 기와를 만들 때 제작 기법을 어기면, 사헌
부나 한성부에서 논죄하고 그 잘못된 기와를 모조리 압수한다는
법령을 내린 것이다.

그러다가 성종 3년에 이르러 '별와서(別瓦暑)'가 다시 설치되고
제조와 별좌를 임명한 것으로 미루어 사요만으로는 충분하지 못하
였음을 알 수 있다. 그러나 몇 년이 못 가서 그 폐단이 있음을 들어
별와요를 다시 파(罷)하자고 하나, 도승지로 하여금 제조를 겸임하
게 하는 것으로 폐단을 방지하려 노력한다.

이후 중종 때에 와서가 있으니 별와서를 두는 것은 부당하다고
대간(臺諫)에서 이야기하고, 홍문관 직제학(直提學) 조순(趙舜)
등이 이어서 상소하여 별와서를 본서(本書)에 합하고 의정부는 이
조, 병조와 뜻을 같이 하여 마땅히 「대전(大典)」에 없는 별와서는
파(罷)하여야 한다고 주장한다. 그러나 예로부터 백성들에게 편안함
을 주는 별와서를 가볍게 혁파하여서는 안 된다는 주장이 있기도
하였으나 결국 중종 6년에 파하게 된다.

　　그러나 중종 15년(1520)에 이르러 다시 별와서 설치에 대한 주장이 나타난다. 도사(都事) 김우근(金友謹)이 성종조(成宗朝)에 성중(城中)의 초가집을 모두 기와집으로 바꾸기 위하여 설치되었던 별와서를 이제 다시 설치하는 것이 옳다고 아뢴 것이다.

　　다음날 영의정 김전(金詮) 등이 의논하여 비록 「대전」에는 없으나 별와서를 설치하는 것이 옳다는 결론을 내린다. 지난 9년 동안 기와 값은 비싸지고 민간에서는 구하는 방법이 없어 어려움이 많았음을 절실히 느낀 것이다. 그러나 별와서의 운영이 순조롭지만은 않아 잦은 말썽이 일어나고 중종 24년(1529) 송서형(宋世珩)이라는 분이 "나라에서 별와서를 특별히 설치하고 가난한 백성들에게 싼값으로 공급하여 많은 집이 기와를 이었으나, 세도가에서 특별히 부탁하여 많은 양을 독점하므로 백성들의 원성이 생긴다"라는 내용의 상소를 올린다.

　　상소에 따라 중종은 별와서를 없애는 것보다는 1년 동안에 만든 숫자를 기록하고 한성부에 보고하여 백성들에게 보급되는 숫자를 알리도록 지시한다.

　　이후로도 몇 차례에 걸쳐 별와서가 당초 설립의 뜻과 다르므로 없애야 함이 마땅하다는 주장이 계속된다. 선조 대에도 비슷한 주장이 계속되어 결국 선조 15년(1581)에 별와서를 폐지하고 만다.

　　임진왜란이 끝나고 광해군은 불에 타버린 궁궐의 재건을 시작한다. 영건청을 세우고 공사를 진행하는데, 기와의 공급을 맡은 와서에서는 각 도에 재목의 운반을 지시하여 화목으로 사용한다.

　　특히 광해군은 청와(靑瓦)의 제작을 명하나 청와의 제작에는 유약의 원료를 구하는 데 어려움이 따른다. 곧 유약의 원료는 대부분 중국에서 수입해야만 하는데 광해군 9년(1617)에는 청와에 소용되는 염소(焰焇)의 구입을 위하여 역관(譯官)을 의주(義州)에 내려보내기도 한다. 그러나 청와를 구워서 만들어 내는 데에는 경비가 많이 들 뿐만 아니라, 2년 동안에 겨우 3눌(三訥)밖에 만들지 못하였고 창경궁의 공역은 1년밖에 남지 않아 어렵다는 결론을 내리기도 한다.

국가적으로 필요한 기와는 결국 와서(瓦署)에서 공급하는 것을 원칙으로 하고 있었다.

와서에서는 기와와 벽돌을 제조하고 공급하는 일을 맡아서 하였는데 그 직제는 제조 1인(종2품 이상), 별제 2인(종6품), 이서(吏胥)로 서원(書員) 2인, 장무서원(掌務書員) 1인을 두고, 고직 1인, 도예(徒隷)로 사령(使令) 3인, 구종(驅從) 1명을 두었다.

기와를 구워 내는 일은 3월에 시작하여 9월에 끝내는 것으로 하고 있으며 기와를 구워 내면 낭청(郎廳)에서 직접 검사하여 암키와는 배에, 수키와는 등에 '공(公)'자의 도장을 찍었다. 혹 규격이 모자라거나 잘 구워지지 않은 것은 일일이 부수어서 쓰지 못하도록 하였다.

특히 3대물종(三大物種) 곧 대와(大瓦), 방전(方甎), 방초(防草, 막새) 등에는 아련(牙鍊;조개껍질로 가루를 만들어서 기와의 표면에 발라 은은한 광택을 내는 법)을 하도록 하였다.

빛깔있는 책들 102-8

조선 기와

글	—황의수
사진	—황의수
발행인	—장세우
발행처	—주식회사 대원사
주간	—박찬중
편집	—김한주, 조은정
미술	—김은하, 최윤정, 한진
전산사식	—김정숙, 육세림, 이규헌

첫판 1쇄 —1989년 11월 30일 발행
첫판 8쇄 —2004년 5월 31일 발행

주식회사 대원사
우편번호/140-901
서울 용산구 후암동 358-17
전화번호/(02) 757-6717~9
팩시밀리/(02) 775-8043
등록번호/제 3-191호
http://www.daewonsa.co.kr

잘못된 책은 책방에서 바꿔 드립니다.

값 3,000원

Daewonsa Publishing Co., Ltd.
Printed in Korea(1989)

ISBN 89-369-0027-7 00540

빛깔있는 책들

민속(분류번호 : 101)

1 짚문화	2 유기	3 소반	4 민속놀이(개정판)	5 전통 매듭
6 전통 자수	7 복식	8 팔도 굿	9 제주 성읍 마을	10 조상 제례
11 한국의 배	12 한국의 춤	13 전통 부채	14 우리 옛악기	15 솟대
16 전통 상례	17 농기구	18 옛 다리	19 장승과 벅수	106 옹기
111 풀문화	112 한국의 무속	120 탈춤	121 동신당	129 안동 하회 마을
140 풍수지리	149 탈	158 서낭당	159 전통 목가구	165 전통 문양
169 옛 안경과 안경집	187 종이 공예 문화	195 한국의 부엌	201 전통 옷감	209 한국의 화폐
210 한국의 풍어제				

고미술(분류번호 : 102)

20 한옥의 조형	21 꽃담	22 문방사우	23 고인쇄	24 수원 화성
25 한국의 정자	26 벼루	27 조선 기와	28 안압지	29 한국의 옛 조경
30 전각	31 분청사기	32 창덕궁	33 장석과 자물쇠	34 종묘와 사직
35 비원	36 옛책	37 고분	38 서양 고지도와 한국	39 단청
102 창경궁	103 한국의 누	104 조선 백자	107 한국의 궁궐	108 덕수궁
109 한국의 성곽	113 한국의 서원	116 토우	122 옛기와	125 고분 유물
136 석등	147 민화	152 북한산성	164 풍속화(하나)	167 궁중 유물(하나)
168 궁중 유물(둘)	176 전통 과학 건축	177 풍속화(둘)	198 옛 궁궐 그림	200 고려 청자
216 산신도	219 경복궁	222 서원 건축	225 한국의 암각화	226 우리 옛 도자기
227 옛 전돌	229 우리 옛 질그릇	232 소쇄원	235 한국의 향교	239 청동기 문화
243 한국의 황제	245 한국의 읍성	248 전통장신구	250 전통 남자 장신구	

불교 문화(분류번호 : 103)

40 불상	41 사원 건축	42 범종	43 석불	44 옛절터
45 경주 남산(하나)	46 경주 남산(둘)	47 석탑	48 사리구	49 요사채
50 불화	51 괘불	52 신장상	53 보살상	54 사경
55 불교 목공예	56 부도	57 불화 그리기	58 고승 진영	59 미륵불
101 마애불	110 통도사	117 영산재	119 지옥도	123 산사의 하루
124 반가사유상	127 불국사	132 금동불	135 만다라	145 해인사
150 송광사	154 범어사	155 대흥사	156 법주사	157 운주사
171 부석사	178 철불	180 불교 의식구	220 전탑	221 마곡사
230 갑사와 동학사	236 선암사	237 금산사	240 수덕사	241 화엄사
244 다비와 사리	249 선운사			

음식 일반(분류번호 : 201)

60 전통 음식	61 팔도 음식	62 떡과 과자	63 겨울 음식	64 봄가을 음식
65 여름 음식	66 명절 음식	166 궁중음식과 서울음식		207 통과 의례 음식
214 제주도 음식	215 김치	253 장醬		

건강 식품 (분류번호 : 202)

105 민간 요법   181 전통 건강 음료

즐거운 생활 (분류번호 : 203)

67 다도   68 서예   69 도예   70 동양란 가꾸기   71 분재
72 수석   73 칵테일   74 인테리어 디자인   75 낚시   76 봄가을 한복
77 겨울 한복   78 여름 한복   79 집 꾸미기   80 방과 부엌 꾸미기   81 거실 꾸미기
82 색지 공예   83 신비의 우주   84 실내 원예   85 오디오   114 관상학
115 수상학   134 애견 기르기   138 한국 춘란 가꾸기   139 사진 입문   172 현대 무용 감상법
179 오페라 감상법   192 연극 감상법   193 발레 감상법   205 쪽물들이기   211 뮤지컬 감상법
213 풍경 사진 입문   223 서양 고전음악 감상법   251 와인   254 전통주

건강 생활 (분류번호 : 204)

86 요가   87 볼링   88 골프   89 생활 체조   90 5분 체조
91 기공   92 태극권   133 단전 호흡   162 택견   199 태권도
247 씨름

한국의 자연 (분류번호 : 301)

93 집에서 기르는 야생화   94 약이 되는 야생초   95 약용 식물   96 한국의 동굴
97 한국의 텃새   98 한국의 철새   99 한강   100 한국의 곤충   118 고산 식물
126 한국의 호수   128 민물고기   137 야생 동물   141 북한산   142 지리산
143 한라산   144 설악산   151 한국의 토종개   153 강화도   173 속리산
174 울릉도   175 소나무   182 독도   183 오대산   184 한국의 자생란
186 계룡산   188 쉽게 구할 수 있는 염료 식물   189 한국의 외래 · 귀화 식물
190 백두산   197 화석   202 월출산   203 해양 생물   206 한국의 버섯
208 한국의 약수   212 주왕산   217 홍도와 흑산도   218 한국의 갯벌   224 한국의 나비
233 동강   234 대나무   238 한국의 샘물   246 백두고원

미술 일반 (분류번호 : 401)

130 한국화 감상법   131 서양화 감상법   146 문자도   148 추상화 감상법   160 중국화 감상법
161 행위 예술 감상법   163 민화 그리기   170 설치 미술 감상법   185 판화 감상법
191 근대 수묵 채색화 감상법   194 옛 그림 감상법   196 근대 유화 감상법   204 무대 미술 감상법
228 서예 감상법   231 일본화 감상법   242 사군자 감상법

역사 (분류번호 : 501)

252 신문